G. Simon

Note
sur les
recherches que l'on
pourrait faire
en Chine et au Japon

Elibron Classics
www.elibron.com

Elibron Classics series.

ISBN 0-543-79784-8 (paperback)
ISBN 0-543-79783-X (hardcover)

This Elibron Classics Replica Edition is an unabridged facsimile of the edition published in 1869 by A.H.de Carvalho, Shang-Haï.

NORTH-CHINA BRANCH OF THE
ROYAL ASIATIC SOCIETY.

NOTE

SUR

LES RECHERCHES QUE L'ON POURRAIT FAIRE
EN CHINE ET AU JAPON

AU POINT DE VUE

DE

LA GÉOLOGIE ET DE LA PALÉONTOLOGIE

PAR

G. EUG. SIMON,

CONSUL DE FRANCE À FOU-TCHEOU.

SHANG-HAÏ:
IMPRIMERIE DE A. H. DE CARVALHO.
1869

NORTH-CHINA BRANCH OF THE
ROYAL ASIATIC SOCIETY.

NOTE

SUR

LES RECHERCHES QUE L'ON POURRAIT FAIRE
EN CHINE ET AU JAPON

AU POINT DE VUE

DE

LA GÉOLOGIE ET DE LA PALÉONTOLOGIE

PAR

G. EUG. SIMON,
CONSUL DE FRANCE À FOU-TCHEOU.

SHANG-HAÏ:
IMPRIMERIE DE A. H. DE CARVALHO.
1869

PRÉFACE.

Après avoir étudié l'Assyrie, l'Egypte, l'Inde et tant d'autres anciens Empires avec un zèle et une puissance d'analyse aux quels nul secret n'a pu résister; après avoir fouillé le monde, hormis la Chine, c'est enfin vers elle que les savants tournent leurs yeux aujourd'hui. De tous côtés, se dressent devant elle, comme des échelles contre les murs d'une place investie, d'innombrables points d'interrogation. Déjà même les assaillants redoublent leurs coups, et l'on sent, à la rapidité avec laquelle ils se succèdent, le prix qu'ils attachent à cette dernière conquête et l'impatience qu'ils éprouvent de fixer enfin des solutions qu'ils ont suspendues jusqu'à ce qu'ils aient pu sonder cette immense énigme, si vieille et si longtemps oubliée.

J'ai voulu dans le travail que l'on va lire, montrer, à propos de la Géologie et de la Paléontologie, comment on pourrait répondre à ces attaques, non pas en y résistant comme on résiste à des dangers, mais comme on accueille l'arrivée d'amis mal disposés mais toujours attendus; en leur donnant un plan ou au moins une esquisse de la ville et en leur ouvrant les voies et les avenues qui leur sont préparés depuis tant de siècles.

Cette esquisse même ne m'a pas paru suffisante; et, afin qu'elle pût servir non seulement à eux, mais à leurs amis et à leurs serviteurs, je n'ai pas cru trop faire de chercher, autant que possible, à l'orienter et à y tracer çà et là, quelques points de repère.

Superflus pour ces savants et pour la plupart des membres de la société qui veut bien me permettre de placer ce travail sous ses auspices, ils pourront, toutefois, ne pas être inutiles pour beaucoup de personnes dont l'esprit et l'attention ont été jusqu'ici dirigés d'un autre côté, et qui, douées de la faculté d'observer, peuvent, dans leurs résidences ou dans leurs voyages en Chine, rendre d'importants services, pourvu qu'on leur explique bien ce que l'on désire d'elles.

C'est pour ces personnes, c'est dans l'espoir d'exciter leur intérêt en faveur des recherches qui nous occupent, que j'ai fait précéder les indications que je me suis cru autorisé, par mes lectures ou mes observations personnelles, à donner sur la Chine, d'une sorte d'exposé, aussi complet et en même temps aussi succinct que possible, du sujet, tel que les savants nous le font connaître dans les ouvrages dont j'ai cité les noms en tête de ma notice et aux quels j'ai emprunté sans scrupule et tels quels, les extraits qui m'ont paru nécessaires à mon but, bien sûr du pardon que ce but m'obtiendrait.

D'un autre côté le plan que me traçait cette manière de voir était celui qui pouvait le plus aisément m'aider à présenter aux savants d'une façon claire et logique, des détails dont quelques uns sont produits peut-être pour la première fois, et dont les autres paraissent avoir dormi, oubliés, dans les livres où ils y avaient été publiés en notre langue, il y a cent ou cent cinquante ans.

Ainsi ma notice n'est proprement et à très peu de chose près, qu'un cadre dans lequel j'ai taché de grouper de façon à les éclairer les uns par les autres, en vue des maîtres et en vue des serviteurs de la science, les faits acquis et ceux que l'on peut recueillir en Chine.

G. EUG. SIMON.

NOTE

SUR QUELQUES UNES DES RECHERCHES QUE L'ON POURRAÎT FAIRE EN CHINE ET AU JAPON AU POINT DE VUE DE LA GÉOLOGIE ET DE LA PALÉONTOLOGIE.

Par G. EUG. SIMON,
Consul de France à Fou-Tcheou.

OUVRAGES CONSULTÉS:

La paléontologie appliquée à l'étude des races humaines par Mr. G. de Saporta, 1868.—Les Glaciers et la période Glaciaire par Mr. Ch. Martins, 1867.—Un tour de Naturalistes dans le Nord par Mr. Ch. Martins, 1863.—Les Antiquités Egyptiennes par Mr. E. Renan, 1865.—Cours de Paléontologie par Mr. d'Archiac, 1864.—La Science des Religions par Mr. E. Burnouf, 1867 à 1868.—L'homme primitif par Mr. A. Maury, 1867.—Les Oscillations du Sol-terrestre par Mr. E. Reclus, 1865.—Le Voyage du Glacier par Mr. E. Rambert, 1861.—Le Dronte et les espèces perdues par Mr. Radeau, 1866.—Les Etudes et les Découvertes archéologiques récentes dans le Nord Scandinave par Mr. A. Geffroy, 1862.—Cours d'Anthropologie par Mr. de Quatrefages, &c., &c.—Mémoires concernant les Chinois par les anciens Missionnaires Jésuites.—Le Chou-king.—Recherches sur les temps antérieurs à ceux dont parle le Chou-king par le Père de Prémare.—Notice sur l'Y-king par le Père Visdelou.

> "Toute Doctrine a pour base les merveilles de la Création; pour raisonner sur l'Homme, il faut commencer par la manière dont il a reçu l'être."
> Début du Tchi-pen-ti-kang. V. les Mémoires des anciens Jésuites: Tome 11, page 385.

NOTRE temps ne s'illustre pas seulement par les découvertes de l'Industrie. Sans vouloir en dire plus de bien que de raison, il n'est que juste de signaler comme un de ses plus grands titres de gloire pour le présent, et comme l'un des mérites dont l'avenir lui tiendra le plus de compte, les études qu'il a entreprises depuis une trentaine d'années sur toutes les questions qui se rapportent à l'homme, à son origine, à sa nature et à son histoire.

Que sommes nous?—D'où venons nous?—Quels étaient nos ancêtres?—A quelle époque avons nous été placés sur la terre? Comment sont nées les diverses races qui composent l'humanité?

qu'est ce que les différences qui les séparent? les rapports qui les unissent? Tel est, sous quelques unes de ses faces, le problème qui s'impose aujourd'hui aux esprits les plus sérieux avec l'énergie de la pensée qui se sent mal étayée par d'anciennes croyances, déconcertée par de récentes découvertes, avec l'attrait du plus obscur et cependant du moins indifférent des mystères. Tel est le terrain sur lequel les sciences en apparence les plus diverses, l'archéologie, la linguistique, l'anatomie comparée, la géologie, la paléontologie, l'ethnologie et la critique historique se donnent aujourd'hui rendez vous.

Les réponses de la Bible, trop étroitement interprêtée, ne les satisfont plus.

On disait l'homme nouveau sur la terre; on le représentait déchu du haut état physique et moral dans lequel il aurait d'abord été créé; on parlait d'une catastrophe épouvantable engloutissant d'un coup toute sa race; on rejetait comme autant de fables indignes de toute croyance, les légendes de l'antiquité qui nous le montraient au contraire, ignorant et sauvage, acquérant ses idées lentement et comme siècle par siècle; et les vieux mythes de Janus, de Saturne, de Ménès, de Prométhée, de Cérès et de Triptolème étaient relégués parmi les conceptions les plus ridicules du paganisme. "Il y a dix ans à peine, les découvertes relatives aux premiers âges de l'humanité étaient encore frappées d'une sorte de discrédit; on souriait en parlant des objets que certains savants voulaient faire passer pour des instruments primitifs. Maintenant, après avoir vu les parties de la dernière exposition consacrées aux plus vieux spécimens du travail de nos ancêtres et les magnifiques salles du Musée de St. Germain, on est saisi d'étonnement comme devant une révélation inattendue. On est surpris que l'ignorance ou les préjugés aient pu si longs temps dérober la signification de tant de vestiges, armes, ornements, utensiles de toute nature, en silex taillé ou poli, en jade, en serpentine, les uns informes, d'autres d'un fini qui en fait de véritables objets d'art. On ne comprend pas qu'une opinion presque générale ait pu naguère encore circonscrire dans d'étroites limites le passé de notre espèce."

L'Antiquité avait raison: dépouillées de leur caractère symbolique ou allégorique, ses fables sont vraies. L'homme que nous connaissons n'a point été créé; des centaines et peut-être des milliers de siècles l'ont lentement produit; c'est peu à peu que, sous l'influence du choix divin qui le distingua des autres êtres, la religion, la civilisation, les arts se sont révélés à son esprit. Ce n'est que trait par trait, progressivement, que son corps perdit les caractères de l'animalité qui l'étreignait; que, sous l'effort de son intelligence fécondée de ce même soufle divin, son crâne se développa, son angle facial s'ouvrît et qu'enfin se grava sur son front l'empreinte désormais ineffaçable, mais de plus en plus marquée, de celui qui le tirait ainsi des ténêbres et du chaos. Ce n'est que dégré à dégré qu'il sortit des cavernes où il habitait, descendit des arbres où il perchait, pour fonder dans les plaines les sociétés puissantes que l'on connaît; les six journées de la création ne sont point finies; il n'y a pas eu de déluge universel et les listes généalogiques de la Bible n'indiquent et ne rappellent bien décidément que des races et des époques indéterminées et non de réelles individualités.

Voilà ce que nous enseignent les travaux des d'Archiac, des Grimm, des Burnouf, des Brandt, des Max. Müller, des Ewald, des Pictet, des Lyell, des Martins, des Middenhorf, des Wilson, des Darwin, des Maury, des Aguassiz et de tant d'autres savants éminents.

Voilà ce que prouvent jusqu'à la dernière évidence, les témoignages les plus authentiques, les pièces de conviction les plus diverses, et, en particulier, celles que la Géologie et la Paléontologie ont déjà recueillies dans toutes les contrées du monde qu'elles ont pu explorer et dont les spécimens les plus nombreux et les plus complets sont réunis en France au chateau de St. Germain.

Voilà ce que démontrent encore tant de races inférieures éparses sur le globe, et qui en disparaissent sous nos yeux sans y avoir été autre chose que les ébauches successives, maintenant inutiles, dont la Création s'est servi pour arriver jusqu'à nous.

Mais quel est l'objet, quel sera le résultat final de toutes ces recherches et de toutes ces découvertes? la vérité d'abord, la vérité pour elle même, la vérité qu'il n'est permis à personne de mettre sous le boisseau et dont, sous aucun prétexte, il n'est permis à personne de retarder l'avènement; la vérité vers laquelle à travers ses erreurs et obéissant à la même loi que celle qui entraîne les corps vers le centre de la terre, l'esprit humain gravite avec une force aussi irrésistible. Ce but se consacre de lui même, et, bien qu'il soit le seul peut-être, pour le moment, qui s'offre clairement à nos désirs, il suffit à les légitimer et à les ennoblir. Cependant il est des conséquences d'un ordre moins abstrait qu'il n'est pas absolument impossible de pressentir dès maintenant. La pensée se trouble bientôt lorsqu'elle envisage les questions que je formulais si brièvement tout-à-l'heure. On ne songe pas sans anxiété aux solutions dont elles peuvent être suivies, aux profondes modifications qu'elles devront faire subir aux idées dans lesquelles les sociétés modernes ont été élevées. Il est douloureux de renoncer à d'anciennes croyances; mais c'est un insupportable supplice que de ne pas savoir comment elles seront remplacées. Il est urgent d'y mettre fin au plus tôt.

D'un autre côté, si malgré tant d'efforts et de progrès accomplis dans les sciences et dans les arts, l'humanité est encore si peu avancée que ses efforts et ses progrès semblent se tourner contre elle même; s'il nous faut encore entendre de peuples à peuples, ces mêmes explosions de haines qui ensanglantèrent son enfance et firent chanceler ses premiers pas; si enfin l'aiguille du temps paraît avoir vainement pour la paix des esprits et des cœurs, marché sur le cadran des siècles, ne serait ce point pour avoir trop long temps ignoré quelques uns des rayons dont, comme la lumière, la vérité se compose?—Qui voudrait aujourd'hui surtout que les plus graves évènements se chargent de nous les rappeler, nier par exemple et sans aller plus loin, les rapports de la politique avec les sciences éthnographique, sociale, géographique, religieuse, &c.? Et si chaque science et chaque vérité sont à ce point constitutives de cette vérité générale dont il importe de s'éclairer en toutes choses, à quel point la science de l'homme, la science qui lui apprend à se connaître dans le temps et dans l'espace n'est elle pas essentielle? Peut-être ne lui sera-t-il jamais donné de découvrir le mot de sa destinée; rien toutefois ne saurait lui en faire concevoir une idée plus haute et plus consolante que la connaissance de ses origines. Si elles lui montrent qu'il n'a point, ainsi que je le disais tout-à-l'heure, fait exception à l'unité, maintenant à peu près démontrée, du plan de la création; s'il y reconnaît que son apparition sur la terre n'a pas été subite, mais lentement amenée, suivant une loi de développement que Dieu semble s'être imposée et dont nous n'avons pas à lui demander compte, elles le convainqueront de plus en plus, de la nécessité de son incessante et toute puissante intervention. Ce n'est qu'en se reportant à la faiblesse de ses premières années que l'homme a réellement conscience de ce qu'il doit à sa mère. De même il se rapprochera de ses humbles débuts, il s'identifiera avec ses premièrs modes d'existence, il contraindra son imagination à se reporter au milieu de ceux avec lesquels il a commencé de vivre, et, sous ses horribles étreintes, dans cette hideuse promiscuité, il sentira, de qui était, de qui devait être le bras qui pût le dégager de ces étouffantes entraves, et, suivant les expressions de l'Ecriture, le tirer "d'entre ces démons muets" les sinistres "*Velus*" dont il ne différait que par de vagues inquiétudes et le sentiment de son impuissance. Puisant dans un long passé l'irréfutable certitude d'un auxiliaire supérieur et dans la distance qui l'éloigne de son point de départ une confiance inébranlable en l'avenir, ses espérances n'auront d'autres limites que les bornes mêmes de ses aspirations actuelles. Je ne sais si je m'abuse, mais ces travaux de l'humanité sur elle même, ces efforts de l'humanité qui se cherche au travers des siècles, ont quelque chose de touchant et de grave qui me paraît déjà autoriser les perspectives les plus rassurantes. Les haines s'émoussent devant la mort, on se réconcilie sur un tombeau; sur les ossements de nos ançêtres, sur les reliques qu'ils nous ont laissées, nous abjurerons tous au nom de la vérité, nos erreurs, nos rivalités inutiles et nos ambitions sans but. En présence de leurs restes confondus, nous porterons nos vues au de-là du présent instable et fugitif, et, nous élançant vers l'avenir, le jugement de la postérité deviendra la raison de nos actes et le salaire de nos services.

Sous les réflexions enfin qu'évoquent ces vestiges des temps passés, j'entrevois le temps où chacun n'aura d'autre émulation que l'émulation des grandes choses, et où, plaçant dans le sépulcre sa plus noble ambition, n'aura d'autre désir que celui d'une belle mort, sereine, chargée de guirlandes et des bénédictions du monde.

Mais c'est assez nous attarder à ces rêveries. Elles se réaliseront de la même façon que je viens, sans y prendre garde, de m'y laisser entraîner. Ce n'est qu'en se reportant aux cieux que le regard se repose des profondeurs. Le charme de l'infini est trop grand, l'œil qui s'y est abandonné ne s'en détache qu'avec peine et en garde long temps le reflet. Ainsi, plaçé entre le passé qui se découvre seulement et le futur qui se jalonne, reflétant les souvenirs du premier et les espérances du second, le présent qui n'était, pour ainsi parler, qu'un battement entre ces deux éternités, s'harmonisera avec l'une et avec l'autre et en formera l'heureuse modulation.

Cependant de quelqu'attente que puisse nous remplir les récentes conquêtes accomplies dans les différents domaines de la Science de l'homme, quelque fiers que nous puissions en être, il faut reconnaître qu'elles sont encore très incomplètes, et, bien que je n'aie semblé jusqu'à présent que vouloir en faire ressortir l'importance ou pressentir les résultats, je n'ai précisément pour but que d'indiquer quelques unes des lacunes qu'elles présentent dans le champ spécial de la Géologie et de la Paléontologie.

C'est là d'ailleurs qu'elles sont peut-être le plus regrettables, car c'est de là que sont sorties les découvertes du plus haut intérêt. L'Etude des langues et des traditions dont le secours est si nécessaire pour les temps modernes ne peut en effet presque rien apprendre de l'homme au delà des commencements des sociétés actuelles, car l'Écriture qui seule pouvait nous en conserver des traces n'existait pas. L'Archéologie elle même, dans ses monuments les plus anciens, ne nous montre l'homme qu'arrivé déjà à un état social relativement civilisé, mais l'histoire de l'homme dans les âges antérieurs, aux époques où la pierre taillée par éclats, puis la pierre polie, étaient les seuls produits de sa rudimentaire industrie, l'étude du sol où on les recueille et avec lequel elle se confond peut seule nous le révêler.

C'est de là qu'elle se dégage, non plus siècles par siècles, mais par longues périodes, par succession de phénomènes; c'est de là que l'humanité, d'abord incertaine, émerge peu à peu du fonp obscur où ses germes dormaient ensevelis, de là qu'elle sort enfin de plus en plus visible pour entrer dans la voie du progrès qu'elle n'a plus quittée.

I.

Il existe, disais-je tout-à-l'heure, dans l'ensemble des observations sur lesquelles s'appuient les sciences dont l'histoire de l'homme est l'objet, un certain nombre de lacunes qui la laissent incomplète, et si, malgré cela, les conclusions que l'on peut déjà tirer des faits acquis sont assez assurées pour n'avoir à redouter aucun démenti des observations contingentes, elles n'en présentent pas moins un aspect tronqué d'autant plus fâcheux.

Toutes les contrées de l'Europe, une grande partie de celles de l'Amérique, et quelques unes de l'Afrique elle même ont été explorées et ont fourni à l'étude une masse de documents de toutes sortes.

L'Asie, sauf les Indes, est restée à peu près muette. On ne sait rien ou presque rien du continent le plus étendu, du continent qui fut le berceau de notre espèce et tout au moins celui de la société civilisée, rien ou presque rien des mille peuples, peuplades ou tribus qu'il recèle, de leurs origines, de leurs langages, de leurs traditions. On ne sait rien surtout de la Chine, de cette doyenne des nations dont l'immense territoire aussi bien que l'histoire "la plus authentique et la plus reculée qui soit au monde," touche par tant des points aux lieux du globe les plus anciennement habités, et dont les légendes si claires et si transparentes pourraient, maintenant que l'on sait lire dans les légendes, livrer de si précieux renseignements. Dans le peu que nous en savons, que de simplicité, de naturel, de vérité! Point ou peu, très peu de ces interventions surnaturelles si fréquentes dans les histoires des autres peuples, si difficiles à admettre et si fécondes en disputes. Dieu reconnu, il suffit; la loi donnée, on y obéit; le mot d'ordre reçu, on le suit; et tout cela sans bruit, sans fracas. Tout s'enchaîne et se succède, lentement mais progressivement, comme partout, comme dans la nature entière. C'est évident, et l'on dirait presque que tous ces silex, ces ossements n'ont été mis au jour que pour servir de pièces justificatives à l'histoire légendaire de la Chine.

À quoi bon d'ailleurs ces brusques révélations, ces prodiges et ces miracles qu'on pourrait appeler arbitraires tant ils sont subits? Toutes ces évolutions que notre ignorance nous forçait à entasser et à comprendre en un pauvre cadre étroit de 6,000 années et qui auraient choqué notre bon sens comme elles se heurtaient elles mêmes, s'accomplissent ici en des éternités de cent, de deux cent soixante seize mille ans? Dix-huit mille ans pour seulement débrouiller le chaos!! Nous voici bien loin de compte... Plus tant aujourd'hui cependant, puisque les dernières découvertes faites par un prêtre, Mr. l'abbé Bourgeois, indiquent la présence de l'homme jusqu'en plein terrain miocène et que, se fondant sur d'autres vestiges trouvés dans le *drift*, Mr. Lyell le fait remonter à deux cent mille ans *au moins!*

Et l'homme, le premier homme que nous nous représentions, si beau, si brillant des mille facultés dont nous l'avions cru doté tout-à-coup, quelle déception! Est-il possible, est-il raisonnable de penser que Dieu ne l'ait créé si parfait que pour le défigurer immédiatement et ravaler, même ses traits, presque jusqu'à ceux de la brute, jusqu'à ceux dont nous pouvons nous faire une idée d'après les crânes d'Engis (Liège), de Neanderthal (Allemagne Eberfield), d'Eguisheim (Colmar Rhin) des Eyzies (Dordogne)?

En Chine, point de ces contradictions embarassantes pour l'esprit, injurieuses pour la providence.—Pan-kou, c'est l'homme idéal, le type qu'il doit réaliser; il n'a *été créé qu'en esprit, son âme seule a existé;* c'est elle qui se dégage, générations par générations *du chaos où elle est enfermée et qui a la forme d'un œuf*, c'est elle qui les anime peut-être. Mais le premier homme créé, Fou-Hi, avec son énorme tête et son corps de serpent? C'est presque un têtard. On est stupéfait en vérité! Eh quoi, il y a quelques années à peine que nous connaissons cette loi d'après laquelle tous les individus des créations supérieures revêtent dans les différentes phases de leur existence embryonnaire les formes principales des créations inférieures; il nous a fallu, pour cela, le secours de tous les progrès accomplis depuis vingt siècles de civilisation et d'efforts en tous sens, et nous la trouvons aujourd'hui, cette loi, illustrée par les conceptions les plus anciennes! Elles nous montrent l'homme se formant au sein de la nature, sa première mère, comme l'enfant se forme dans le corps de la femme! Et qu'on le remarque bien, ce n'est pas simple hasard. Si toutes les métamorphoses du fœtus ne sont pas indiquées, il y en a une autre qui n'est pas moins frappante que la première, c'est Chen-Nong, qui succède à Fou-Hi, et qui nait avec un corps d'homme et une tête de taureau.

Les transitions de l'œuf à l'homme sont, on le sait, plus nombreuses, néanmoins les principales, les extrêmes sont bien représentées. Homme dès la cellule, Pan-kou en sortant, prend la forme des animaux les plus infimes, des ovipares, avant d'arriver à celle des animaux supérieurs, des mammifères. En Chen-Nong, le plus fort est fait, homme par le corps, les pieds et les mains, n'ayant jamais cessé de l'être par l'essence, par l'âme, qu'importe la face et le crâne de Pan-kou? Peu à peu le diamètre antero-postérieur du crâne, plus grand que le diamètre transversal, comme dans le crâne de Neanderthal, diminuera; peu à peu, la voûte crânienne s'élèvera, la saillie des arcades sourcillières disparaîtra, le front s'élargira, les parois de la boite osseuse deviendront plus minces, comme dans les crânes des Eyzies, &c.

Je ne sais, mais cette étonnante concordance me paraît avoir, plus j'y songe, quelque chose de terrifiant. Est-ce donc en effet que l'homme s'est ainsi développé? ou bien, ne faut-il voir dans cette conception, infiniment supérieure à celle de l'Hanouman de l'Inde, que le sentiment, mais le sentiment admirable, prodigieux, inouï, du plan de la création qui ne semble ordonné que par rapport à l'homme en qui il se résume, s'incarne et trouve son couronnement.

Ce n'est pas tout, mais le peu qui préçède me fait trop prévoir les difficultés que je rencontrerais en continuant cette esquisse, si je n'essayais de résumer d'abord en aussi peu de mots que possible, et en les limitant, ainsi que je l'ai déjà dit, à la Géologie et à la Paléontologie, les données les plus nouvelles et les plus essentielles de nos connaissances.

Deux grands phénomènes dominent toutes ces recherches; l'un est le phénomène de l'oscillation du sol, l'autre celui des Glaciers.

Le sol qu'on est habitué à regarder comme immuable est au contraire dans un état constant d'oscillation. Sans parler des tremblements de terre et des autres mouvements dûs à des causes tout-à-fait locales ou spéciales, comme ceux qu'y déterminent les courants de chaleur, d'électricité, &c., l'enveloppe de la terre, sollicitée d'un côté par les astres, comprimée de l'autre par la vapeur, les gaz et les matières fondues de l'intérieur du globe, ne cesse d'onduler comme le ferait un radeau s'élevant et s'abaissant sur les eaux de la mer. Les changements de niveau du golfe de Bothnie et de la Baltique, qu'on attribuait autrefois au retrait et à la dépression des eaux de la mer, ne sont au contraire que les conséquences des mouvements de la terre. Il ne faut, pour s'en convaincre, que remarquer que la diminution n'est point égale sur le pourtour de la presqu'île Scandinave, comme cela devrait être s'il était vrai que les eaux, toujours horizontales, se retirassent. Et non seulement elles ne se dépriment pas partout également, mais, en certains points, comme à la pointe de la Scanie, elles recouvrent graduellement le sol. Ainsi, plusieurs rues des villes de Malmoë, Trelleborg, Ystad ont déjà disparu; et depuis les observations faites du temps de Linnée seulement, la côte a déjà perdu une zône de trente mètres de largeur. Ces balancements ont lieu, on le sait, en des temps excessivement longs. À l'extrémité septentrionale du golfe de Bothnie, le continent émerge de 1^m 60 en cent ans, par le travers des îles d'Oland de 1^m seulement, à la pointe terminale du Jutland de 30 centimètres. Dans l'île de Munkholm il n'a pas varié de 6 mètres en 1,000 ans.

Si lents qu'ils soient, ils arrivent cependant à élever jusqu'à 200, 300 et 414 mètres au-dessus du niveau de la mer, ainsi que le montre la récente découverte de Mr. Derbishire, non loin du Snowdon, les polypiers et les coquilles qui ne peuvent vivre que dans ses profondeurs et que nous foulons chaque jour à nos pieds. En même temps, les forêts de pins qui couronnent les hauteurs des montagnes sont aussi exhaussées jusqu'à la région des neiges éternelles où elles ne peuvent végéter, dépérissent peu à peu et de larges lisières de forêts ne se composent plus que d'arbres morts, quoique restant encore debout depuis des siècles. Ainsi s'expliquent les solutions de continuité entre certains continents et entr'autres la séparation de la France et de l'Angleterre; ainsi s'explique la présence au milieu des continents, des vastes étendues de sable du Sahara, du Cobi, autrefois fonds de mer comme la Scandinavie elle même. Il serait facile de multiplier les preuves et les exemples de l'oscillation du sol. Toutes les contrées du monde nous en offrent aujourd'hui à profusion, mais on ne les demande même plus à titre de preuves et elles ne nous étaient nécessaires qu'à cause des circonstances qui s'y rattachent et qui nous intéressent plus directement. Il suffira donc de les avoir rappelés.

Nous pouvons cependant remarquer en passant, que c'est déjà par centaines de siècles qu'il faut compter l'existence du monde. Mais l'oscillation à laquelle a succédé l'époque quaternaire qui nous reporte si loin, n'est pas la seule qui ait eu lieu. En 1819, en creusant un canal de communication entre le lac Maëlar, près de Stockholm, et la Baltique, on traversa, près du village de Soedertelje un osar ou banc de sable émergé et couvert de blocs erratiques portant des arbres séculaires. Les déblais de la tranchée mirent à nu dans le sein même du monticule et à 18 mètres au dessous de la surface, la charpente en bois d'une hutte renfermant un foyer formé de pierres disposées en cercles et de bûches carbonisées. En dehors de la hutte on découvrit des branches de pins coupées; quelques débris d'embarcations dont les parties étaient assemblées par des chevilles en bois, gisaient devant la porte. Les conséquences de ces faits sont évidentes. Quand un pêcheur habitait cette cabane, elle était émergée. Ensuite elle s'est enfoncée et a été couverte d'une épaisseur de 8 mètres de graviers; puis la côte où elle se trouvait, s'est lentement soulevée et l'a ramenée à son niveau primitif. D'autres faits sont depuis venus s'ajouter à celui-là, tels par exemple que les vestiges d'habitation ramenés du fond des lacs de la Suisse et de la Savoie.

Dans la partie du monde que nous habitons, on pourrait entre autres faits que des observations suivies feraient certainement apercevoir, citer au Japon la grotte située à l'entrée de la baie de Nagasaki et dont l'ouverture récente, au dire des Japonais, grandit et s'élève assez sensiblement; en Chine l'exhaussement et l'agrandissement de l'île de Tsom-Ming, l'émergement de l'Archipel des Chusan qui finira par être rattaché au continent; l'élévation du fond des golfes de Leo-Tong et du Pe-Tcheli, la présence de roches madréporiques signalées par quelques missionnaires, et notamment, si mes souvenirs sont exacts, par l'abbé Huc, jusqu'au sommet de certaines montagnes de la Chine; la présence de coquillages marins, dont Mr. le Dr. Lamprey et Mr. Kingsmill nous ont ici même, fait connaître quelques espèces, les cavernes élevées et remplies, si nombreuses dans la pluplart des provinces, les espèces marines de poisson et de crustacés qui existent aujourd'hui encore dans les lacs salés des hauts plateaux de la Mongolie, au nord de Lama-Miao; et enfin et surtout le déplacement actuel de l'embouchure du fleuve Jaune qui recule, en causant de si grands ravages, comme le Soane de l'Inde, lequel a reculé de 7 kilomètres depuis 80 ans.

Ainsi la *subsidence* du sol, le va et vient de ce majestueux balancier a été complet et nous voici forcés de doubler le premiers temps de l'oscillation, et l'homme existait déjà, et nous n'avons point tenu compte des temps de repos entre chaque mouvement de bascule!

Nous devons maintenant nous occuper des périodes glaciaires dans lesquelles nous retrouverons non seulement aussi la présence de l'homme mais les preuves d'oscillations plus anciennes.

Mais avant d'en parler, un rapprochement m'obsède dont je veux me débarasser en le disant. Tout naturellement, à propos du phénomène auquel je viens de m'arrêter les mots de *changement*, d'*oscillation*, de *bascule*, de *balancier* se sont présentés à mon esprit et sous ma plume; eux seuls pouvaient faire comprendre ce que j'avais à décrire. Il y en a un autre cependant devant l'emploi duquel j'ai reculé et que j'ai rayé vingt fois. C'est le mot de *pendule*. Pourquoi ai je ainsi hésité?

Par la seule raison que *pendule* est la signification du mot *koua*, nom des trigrammes de Fou-Hi, qui ont inspiré le livre canonique des changements, le plus vieux des livres, puisqu'il remonte à 3,000 ans avant J.C., l'Y-king, lequel a été fait pour montrer comment et sans cesse "ce qui est *dessous* vient *dessus* et ce qui est *dessus* passe *dessous*, livre que l'on appelle encore: *Livre des principes*, *Livre des combinaisons*, *Livre du passage perpétuel du repos au mouvement et du mouvement au repos*, *Livre des Générations et Corruptions*, *&c.*"

Je confesse ma faiblesse.

Qui sait d'ailleurs si ce livre paraîtrait aussi incompréhensible qu'autrefois et aux Chinois eux mêmes, à ceux qui, possédant les lumières fournies par les sciences modernes, en liraient les commentaires de Ouen-Ouang, de Tchéou-Kong et de Confucius, c'est-à-dire par de trois des plus beaux génies que l'antiquité connaisse en philosophie, en politique, en physique et en morale. Je sais que ce livre des changements est devenu le livre des sorts et que si on a égard à la composition du caractère chinois *koua*, on peut voir qu'il est formé de la lettre *pou* qui peut signifier sort; mais il est certain que ce livre n'est devenu le livre des sorts que lorsqu'on a perdu l'intelligence de son véritable sens, et ce n'est ensuite que pour mettre le nom des hexagrammes en rapport avec leur amplification ainsi faussée, qu'on l'a écrit par le caractère en question qui satisfaisait au but qu'on se proposait, tout en conservant son ancienne prononciation. En tous cas, le bon sens ne se refuse-t-il pas à admettre que des génies tels que Tchéou-Kong, Ouen-Ouang et Confucius s'en fussent occupés, si ce livre n'eût été qu'un livre de sorts.*

Je reviens aux périodes glaciaires.

II.

La connaissance d'une période glaciaire embrassant les deux hémisphères du globe et postérieure à l'apparition de l'homme sur la terre, est une des plus belles conquêtes de la Géologie moderne.

* À l'appui de ces réflexions je citerai le passage suivant des observations de physique de l'Empereur Kang-Hi, traduit dans le Tome IV des Mémoires des anciens Jésuites; pag. 474.

"TARTARIE ORIENTALE.—En s'avançant du rivage de la mer Orientale, vers le Tchélou, on ne trouve ni ruisseaux, ni étangs dans la campagne, quoiqu'elle soit entrecoupée de montagnes et de vallées. Malgré cela on trouve fort loin de la mer dans le sable, des écailles d'huitres et des cuirasses de cancres. La tradition des Mongoults qui habitent ce pays, porte qu'on a dit de tout temps, que, dans la haute antiquité, les eaux du déluge avaient inondé cette plage et qu'après s'être retirées, les endroits, où elles étaient, avaient paru couverts de sable. Je me suis souvenu à cette occasion que la figure *Kien* (fosse) des Hunt-Kouo de l'Y-King est mise dans le Nord; et c'est pour cela qu'il est dit que les grandes eaux vinrent du Nord et y restèrent plus long temps. Selon *Mong-Tsée*, les eaux du déluge s'étendirent sur la Chine en l'inondant. L'expression (s'étendirent en l'inondant) *Fan-Kien*, indique qu'elle était plus basse et qu'il y avait une source ou un amas d'eau d'où venait l'inondation. Quoiqu'il en soit du comment, à s'en rapporter à la grande géographie Ti-Chi, une partie de ce pays est une grande plaine où l'on trouve plusieurs centaines de lieues que les eaux ont couvertes et puis abandonnées; voilà pourquoi on appelle ces déserts *Mers de sable*, ce qui indique qu'ils n'étaient pas couverts originairement de sable ni de gravier."

On trouve encore dans les commentateurs de l'Y-king l'expression Kueï-chin qui désigne les propriétés que possède la Nature de s'étendre et de se contracter. "Et par cette extension et cette contraction qu'ils appelent *l'allée et la venue* ou le systole et le diastole de la Nature, ils figurent les vicissitudes de la Nature dans ses générations et corruptions alternatives."—Notice sur l'Y-king.

On sait depuis peu que les Glaciers non plus que la croûte terrestre, ne sont immuables et que ce sont des fleuves qui marchent. On en a les preuves par les empreintes, les stries qu'ils tracent sur les roches entre lesquelles ils sont encaissés, et surtout par les masses de débris et les blocs énormes qu'ils transportent. Or, il existe dans certaines zônes de l'Europe et de l'Amérique, et nous pouvons ajouter de l'Asie, des moraines ou amas considérables de pierres venues de fort loin, puisque dans ce qui les entoure on ne voit rien qui leur ressemble; on remarque sur les flancs des montagnes ou des rochers à l'extrémité desquels ils sont déposés, des marques identiques à celles que laissent les glaciers actuels; et quoique le fleuve de glace n'existe plus, on est bien forcé de reconnaître qu'il a existé.

Il a donc été une époque où les Glaciers recouvraient une surface beaucoup plus considérable qu'aujourd'hui et où les calottes des glaces polaires investissaient en Europe: toute la presqu'île Scandinave, la Finlande, la Russie Orientale, l'Ecosse, l'Irlande, le Nord de l'Angleterre; en Amérique: le Labrador, le Canada, et les Etats-Unis jusqu'à la latitude de New-Yorck. C'est à cette époque que l'on a donné le nom de période glaciaire. Les observations que j'ai pu faire me permettront d'en compléter en partie l'aperçu en y ajoutant pour la première fois, je crois, tout le désert de Cobi et une partie de la Chine jusqu'à la latitude de Pékin, au nord; et à l'ouest, quelques hautes vallées du Thibet et celles du Kan-sou, du Chen-si et du Se-tchuen, jusque près des bords du Yang-tse-kiang. On rencontre en effet à 60 ou 70 kilomètres au nord de Pékin, à Tcha-tao, nom qui veut dire "Passe des pierres," des moraines ou dépôts de pierres, de cailloux roulés et des blocs d'une grosseur prodigieuse dont on ne pourrait s'expliquer ni la masse énorme, ni la quantité, ni la nature, si l'on ne savait maintenant qu'ils ont été empruntés à certaines montagnes de la Mongolie, et peut-être même aux montagnes de la Sibérie.

Ces moraines qui se prolongent à l'Ouest et à l'Est suivant une ligne de front que je n'ai pu suivre, seraient, si je ne me trompe, une des plus intéressantes preuves de l'ancienne extension des glaciers, en ce qu'elles montreraient une même surface du sol ayant été tour à tour mer et glacier. Les autres traces ordinaires du passage des glaciers, c'est-à-dire les stries, &c., sont aussi très frappantes sur les parois des montagnes que l'on est obligé de traverser pour se rendre par exemple à Tchang-kia-keou, l'une des portes de la Grande Muraille.

Si mes conjectures étaient vraies, si les stries profondes que l'on remarque à différentes hauteurs des rochers qui encaissent le Yang-tse-kiang en différents endroits, tels que les passes d'Y-tchang et de Koueï-tcheou, aussi bien que la quantité étonnante de pierres déposées en ligne sur chacune de ses rives, ou de blocs qui occupent le milieu du fleuve de façon à en gêner et à en rendre même la navigation dangereuse par les obstacles et les chutes qu'ils créent; si, dis-je, tous ces indices dénotaient en effet, comme je le crois, le passage d'un glacier, ce serait encore un des plus remarquables témoignages des périodes glaciaires. On y trouverait peut-être, en outre, l'explication de ces immenses ouvertures créées en plusieurs endroits du fleuve actuel à travers des roches de plusieurs lieues d'étendue, taillées presqu'à pic, sur des hauteurs qui dépassent souvent 120 mètres. On rencontre enfin sur le Yang-tse-kiang, à l'extrémité de quelques vallées de la province de Se-tchuen, de beaux vestiges de moraines terminales.

Une autre sorte de dépôt que l'on ne peut aisément constater en Chine à cause des terres et des cultures qui le recouvre, mais qui existe certainement dans les plaines et notamment dans la plaine de Pékin, c'est ce limon mêlé de graviers et de fragments anguleux auquel on a donné le nom de *drift*, et que les glaces qui le portaient, en se détachant des glaciers pour tomber dans la mer, ont promené et répandu partout où elles finissaient par céder sous son poids. C'est en se basant sur la puissance et la continuité du drift que l'on trouve en Europe et sur les rapports que les glaciers qui l'ont fourni, ont avec les soulèvements du sol que Sir C. Lyell a évalué à deux cent mille ans au moins la durée de la dernière grande oscillation. Il est évident en effet que la puissance et la durée du *drift* sont proportionnelles au temps que sa formation a éxigé et qu'elles indiquent ainsi la durée des glaciers qui l'ont charrié; et, pour se rendre compte des motifs que Sir C. Lyell a eu d'en déduire la durée de l'oscillation pendant laquelle ce dépôt s'est effectué, il ne faut que se rappeler comment les glaciers se forment et disparaissent.

Deux choses sont nécessaires pour la formation de la glace; du froid et de l'eau. L'eau fournie à l'atmosphère par l'évaporation des mers et de ses autres réservoirs, se condense sous un abaissement de température; et, si cet abaissement est suffisant, se congèle sous la forme de neige ou de givre. Puis elle retombe et, suivant les couches d'air qu'elle traverse, revient à l'état liquide ou s'accumule sur les sommets et les flancs des montagnes. Mais cela ne suffit pas pour faire un glacier. Si cette neige ne se modifie pas, le vent la balaiera comme de la poussière. Il faut qu'elle se transforme en nevé, c'est-à-dire en une sorte de mortier qui agglutine et retienne ses molécules; et, pour cela, il faut un certain degré de chaleur qui produise l'eau nécessaire. Avec de la glace très froide et par conséquent très sèche, la soudure n'est pas possible. On aurait donc tort de croire que plus le climat sera rigoureux, plus les glaciers acquèreront de puissance et de développement.

Pourvu que les hivers soient longs et humides, afin que les réservoirs et les hauteurs se remplissent ou se couvrent de neige, peu importe que le froid soit intense ou modéré; it suffit que le thermomètre se tienne en général au dessous de zéro, et remonte pendant l'été un peu au dessus, pour que la neige ait le temps de s'accumuler, et ne fonde ni ne soit emportée par le vent au fur et à mesure qu'elle tombe. La Nouvelle Zélande avec ses hivers humides, sans être rigoureux, ses étés modérés où un ciel habituellement couvert, éteint et absorbe les rayons solaires, réalise le climat le plus favorable à la formation des glaciers; aussi sont-ils nombreux et étendus dans les montagnes de la plus méridionale des deux îles. Au contraire la chaleur excessive de l'été en Mongolie, chaleur qu'explique très bien le voisinage des sables du Cobi, ne permet pas, malgré le froid aussi excessif de l'hiver, la formation des glaciers. Si donc il en existait autrefois, ainsi que le prouve les moraines dont je parlais tout-à-l'heure, c'est que les conditions où se trouvaient cette contrée n'étaient pas les mêmes qu'aujourd'hui. Les sables du Cobi qui, maintenant exposés aux rayons du soleil, en gardent la chaleur et contribuent tant à l'élévation de la température de l'été, étaient sous l'eau. Le climat était ainsi beaucoup moins chaud; il était aussi, par la même raison, plus humide, de l'humidité qu'il empruntait au voisinage de cette mer intérieure. Mais l'eau n'a pu descendre que parce que le sol s'élevait...... Tels sont les rapports des glaciers et des époques glaciaires avec les oscillations du sol. Nous pouvons ajouter tout de suite que l'altitude de la Mongolie étant beaucoup moins grande alors, le froid y était aussi moins rigoureux; en sorte que le climat de cette contrée devait être très semblable à celui de la Nouvelle Zélande.

On trouve dans les livres chinois de très nombreux et très intéressants souvenirs de ces époques.

L'ancien missionaire Jésuite français, de Prémare qui vécût en Chine de 1698 à 1735, cite dans ses profondes "*Recherches sur les temps antérieurs à ceux dont parle le Chou-king,"* (1) ouvrage que tous ceux qui s'occupent des origines de l'homme devraient relire aujourd'hui, plusieurs auteurs qui en font mention de la façon la plus expresse.

L'on sait ou l'on verra tout-à-l'heure que les Chinois partagent l'histoire du monde en un certain nombre de *Ki* ou de périodes de plusieurs siècles chacune, dont les premières appartiennent aux temps pré-historiques. Le *Chan-haï-king,* livre si ancien qu'on l'attribue à l'empereur *Yu* ou à *Pe-y* qui vivait à la même époque, est précisément une description du monde pendant ces premières périodes; et, au sujet de l'une des plus anciennes, l'on parle d'une montagne du nom de *Vou-vaï* qui veut dire "renfermant tout et en dehors de laquelle il n'y a rien,"* et indique clairement qu'elle seule était exondée. Elle était, selon un commentateur, *Tchin-huen,* située à 12,000 lis, ou 1,200 lieues environ, au Sud-est du lieu où s'élève maintenant le mont *Kouën-lün* ou Kou-kou-nor. L'auteur du *Choui-king* (2) qui n'a aucune idée des changements possibles de la configuration du globe veut que ce soit le mont *Kouën-lün* exondé à son tour.

Mais dans le Chan-hai-king, ce n'est que plusieurs Ki ou périodes après que le mont Kouën-lün devient en effet le centre de la terre.† "Alors l'univers n'était pas encore tempéré comme il l'a été depuis."‡ Dans un autre Ki, on parle des eaux qui "n'étaient point encore écoulées et couvraient la terre, de sorte que la misère était extrême,"§ d'où l'on peut conclure qu'elles ne l'avaient pas toujours couverte, puisque les hommes avaient pu se développer et être heureux au point de souffrir d'un changement dans l'état physique du pays qu'ils habitaient. Ce n'est pas le seul du reste dont l'histoire des temps pré-historiques conserve le souvenir. "En ce temps là" est-il dit à propos d'un des Ki suivants, "les vents furent grands, les saisons tout-à-fait déréglées" ‖ et, un peu après, comme une conséquence que la science moderne n'aurait aucune peine à expliquer, "les eaux ne s'écoulèrent point,

(1) V. dans le Chou-king trad. par le P. Gaubil, revu et publié par de Guignes en 1760, le Discours préliminaire ou Recherches sur les temps, &c.

* Discours préliminaire ou recherches sur les temps &c. Chou-king, traduction Gaubil et de Guignes, page LXV.

(2) Autre livre très ancien dans lequel on trouve beaucoup de traditions.

† Page LXXIV.

‡ Page LXXIII.

§ Page LXXVIIJ.

‖ Page XCVIJ.

les fleuves ne suivaient point leur cours ordinaire, ce qui fit naître quantité de maladies;"* puis "les vents et les pluies redeviennent tempérés et le froid et le chaud arrivent dans leur saison, les hommes se multiplient et parviennent à une extrême vieillesse." Ensuite, après un certain temps, le côté émergé de la bascule disparait sous l'eau, "le Ciel tomba vers le Nord-ouest et la terre eût une brèche au Sud-est,"† c'est-à-dire que le Ciel se rapprocha de la terre ou plutôt que la terre s'éleva en se rapprochant du Ciel au Nord-ouest, tandis qu'au Sud-est elle s'affaissa sous l'eau. Puis "les quatre points cardinaux sont rétablis et la paix est rendue au monde."‡

Enfin se produit un dernier affaissement, le premier des temps historiques, que tout le monde connait sous le nom de déluge d'Yao.

D'après ce qui préçède, il semblerait que les Chinois admettent plusieurs oscillations et c'est en effet ce que nous enseignent la Géologie et les observations faites en Suisse, en Savoie, dans les îles Britanniques et dans le Nord de l'Amérique, où l'on voit, se répétant à différentes profondeurs et recouverts par des couches de terre contenant les fossiles des végétaux et des animaux qui y existaient alors, les faits que la surface actuelle du sol déroule sous nos yeux. Les observations nous démontrent qu'il y a eu certainement deux grandes périodes glaciaires, mais elles n'impliquent point qu'il n'y ait eu qu'un nombre corrélatif de soulèvements. Les glaces n'ont point toujours accompagné les oscillations; quelques unes de ces dernières ont pu s'accomplir sans laisser des traces assez durables pour avoir persisté jusqu'à présent, surtout aux époques excessivement reculées où la cosmogonie Chinoise les fait remonter, c'est-à-dire, à l'époque des San-hoang, sur l'existence ou la nature desquels leurs auteurs ne sont pas d'accord, mais qui, en tout cas, préçédent même les temps de Fou-hi, de Chen-nong, &c. En outre, ces oscillations ont pu être partielles, locales, l'étude des textes eux mêmes éluciderait peut-être ces questions.

III.

L'accroissement de la température de l'été n'est peut-être pas la seule raison directe qui explique la disparition actuelle des glaciers,

* Page XCXVIIJ & XCXIX.
† Page CIX.
‡ Page CXIJ.

mais quelles qu'en soient les autres causes; qu'on les voie, soit dans le changement de direction des vents si violents qui balaient de nos jours la neige des plateaux de la Mongolie, soit dans l'abaissement de la température de l'hiver, aujourd'hui excessif, comme on le sait en Mongolie, et contraire, nous l'avons vu, à la formation des glaciers, (abaissement dont pourrait rendre compte la disparition d'un courant chaud, émis du gulf Stream, maintenant tout-à-fait rejeté du côté oriental de Formose et du Japon,) on est toujours forçé d'en inférer les changements du sol lui même. Ainsi se prouvent directement et se contrôlent l'un par l'autre, les deux phénomènes de l'oscillation du globe et des grands glaciers d'autrefois.

Dès lors, la supputation de la durée de la dernière oscillation n'est plus qu'une simple question de calcul dont l'observation de ce qui se passe actuellement fournit toutes les bases; et, sans entreprendre la vérification de ceux de Sir Ch. Lyell, lesquels ne sont d'ailleurs jusqu'à présent pas contestés, on voit du moins que rien n'est plus possible ni moins imaginaire que cette supputation dont les résultats, après tout, ne surprendront aucun de ceux qui connaissent les autres données de la Géologie. Une chose plus étonnante, c'est de voir les évaluations, sensiblement les mêmes, auxquelles sont arrivés les auteurs chinois qui ont le plus anciennement écrit. Içi encore, comme au sujet du premier homme, que nous n'avons encore fait qu'effleurer, nous les voyons en effet d'accord avec les conclusions les plus modernes de la science.

Nous les considérions autrefois comme de purs effets d'une imagination fantasque, bien qu'en réfléchissant au nombre et à la valeur des auteurs qui les acceptaient, il semble que nous eussions dû nous garder d'un jugement si dédaigneux. Aujourd'hui nous regretterons qu'il nous ait arrêtés dans la voie des recherches et des observations; et, sans nous laisser détourner par des contradicteurs qui, dans leur ignorance de ce que nous avons appris depuis eux, ne pouvaient y voir ce que nous pouvons légitimement espérer d'y trouver, nous voudrons scruter les textes qui nous livreront peut-être les secrets d'une si remarquable concordance. Qui sait même s'ils ne nous aideront pas à découvrir les lois de ces changements, de ces oscillations qui, sur la terre ferme, déplacent nos ports et les lits de nos fleuves; et dans la mer font surgir des écueils inattendus, et, qu'au point de vue, même le plus pratique par conséquent, il nous importerait tant de connaître et de prévoir.

"Les anciens King, dit le père de Prémare, ne raisonnent point sur la physique du monde,"* mais, ainsi que le père Gaubil le fait remarquer dans une note, c'est des grands King, des King classiques qu'il veut parler; et, en effet, les connaissances que l'on pouvait avoir dans les temps reculés où ils furent écrits, ne permettaient pas d'asseoir cette physique sur des bases assez assurées pour qu'on pût la faire entrer dans l'enseignement public que tous les législateurs et les philosophes de la Chine se sont, au contraire, très visiblement efforçés de rendre aussi positif que possible. Mais il y a d'autres livres, d'autres King, aussi anciens, traitant de choses et de temps moins certains, et qui, s'ils ne sont pas eux mêmes des systêmes, ainsi que le dit le P. de Prémare, ont pu, et avec d'autant plus de raison, puisqu'ils ne sont plus alors que des souvenirs écrits de faits ou de traditions, servir à édifier ceux que les érudits se mirent seulement, d'après le même Jésuite, à bâtir sous la dynastie des Song. On ne doit pas s'étonner,† ajoute le P. de Prémare en parlant de ces systèmes et de leurs auteurs, avec une incrédulité qui ne nous étonnera pas à notre tour, "On ne doit pas s'étonner qu'ils s'égarent, nos anciens Philosophes n'étaient guère plus habiles qu'eux, témoin la Théogonie d'Hésiode, les mondes de Démocrite et les principes de Lucrèce. Ce qu'il y a d'heureux à la Chine, c'est que les mêmes auteurs qui se mêlent de philosopher sur la machine de l'Univers, ont presque tous commenté les King, (les grands Kings,) qu'ils font tous profession de suivre la grande doctrine que ces anciens monuments ont conservée, et qu'ils reconnaissent comme ces King, un souverain Seigneur de toutes choses, auquel ils donnent tous les attributs que nous donnons au Vrai Dieu (1). Je ne m'arrêterai donc pas à expliquer la période de Tchao-kong Tsie, (2) *qui*

* Discours préliminaire de Chou-king, page LJ.

† Page LJ.

(1) On voit que contrairement à l'opinion émise dans une petite brochure publiée dernièrement à Shang-haï, le P. de Prémare rend hommage à la connaissance que les Chinois ont du Vrai Dieu: il n'est pas le seul de son avis parmi les anciens Jésuites; on peut dire que tous pensaient comme lui, et, pour penser comme eux, il ne faut que lire les King classiques des Chinois. Mais on pourrait lire en particulier sur cette grave question les travaux spéciaux du Père de Prémare et ceux des PP. Bouvet, Amyot, Trigault, Ricci, Gaubil, Cibot, &a., tous empreints d'une science réelle et de l'esprit le plus profond et le plus indépendant.

(2) "Tchao-kang Tsie vivait sous la Dynastie des Song, entre l'an 954 et l'an 1279 de J. C.; il est fameux pour ses nombres. Ses périodes ont été mises au jour par son fils et on les trouve dans le Recueil nommé Sing-li-ta-tsuen."—Note du P. Gaubil, page LIIJ.

comprend une grande année qu'il appelle Yuen et qui est composée de douze parties comme d'autant de mois, qu'il nomme Hoeï, de 10,800 *ans chacun; ce qui fait* 129,600 *ans pour le Yuen entier.** Quand on a voulu prouver par l'exposé de ce système que tous les lettrés chinois sont athées, il me semble qu'il fallait démontrer, que, posé ce système, il n'y a plus de Divinité dans le monde; et de plus que tous les lettrés modernes sont entêtés de cette hypothèse; c'est ce que l'on n'a pas fait."

Quoiqu'il en soit de l'opinion du P. de Prémare sur ces systèmes, aussi bien que de celle des lettrés chinois qui n'en sont pas "entêtés" mais qui sont loin de regarder tous, comme fabuleux ce qui a précédé les commencements des histoires admises pour l'enseignement,† nous en retiendrons avec respect ce qu'elle peut avoir d'encourageant pour nos études et nous continuerons à extraire des "Recherches sur les temps antérieurs du Chou-king" toutes les indications qu'elles pourront nous donner. Nous l'avons dit, et c'est notre plus intime conviction, que ces études n'impliquent avec l'existence de Dieu, aucune contradiction qui les condamnerait par avance à l'absurde et les rendrait inutiles; ce n'est toutefois pas une mince fortune de trouver, signés d'un nom d'une telle autorité, un jugement si conforme à notre pensée et de si précieux renseignements sur des cosmogonies qui, on peut déjà le pressentir, laissent bien loin derrière elles au point de vue, soit de la vraisemblance, soit de l'antiquité à laquelle elles se rapportent, toutes les cosmogonies connues jusqu'à présent.

On peut ranger les historiens chinois en quatre classes: ceux qui se sont bornés à la relation des faits et des dates dont ils pouvaient suivre l'enchaînement authentique; ceux qui ne se sont point laissés arrêter par quelques solutions de continuité dans la chronologie, causées par l'absence de quelques pièces justificatives, et pour qui, certains faits solidement établis, et certaines dates bien fixées ont été suffisants; ceux qui ont voulu concilier des traditions qui leur paraissaient vraies ou vraisemblables, avec des dates qui parussent plus vraies ou plus vraisemblables que celles où les plaçaient les documents d'après lesquels ils travaillaient, et qui les faisaient remonter à des périodes de cent ou de deux cent mille ans, devant lesquelles leur imagination se cabrait; ceux enfin qui, plus indépendants, plus philosophes, ou comprenant mieux les documents des anciens âges, ont eu en vue moins de

* Page LJ.

† Mémoires concernant les chinois, Tome 1, page 86, Tome 2, page 125, &c.

fixer des dates que de proposer des époques et de coordonner les souvenirs des premiers temps du monde. Nous n'avons à nous préoccuper ni des premiers ni des seconds, dont les points de départ ne sont bien certainement que des minimums au delà desquels la société comptait déjà un nombre de siècles considérable, puisqu'entr'autres preuves, il est démontré par le premier chapitre du Chou-king que, déjà du temps de Yao, les chinois connaissaient l'année Julienne de 365 jours et un quart, et celle de 366 jours revenant périodiquement chaque 4 ans. Les troisièmes en cherchant à concilier l'inconciliable, sont tombés dans des erreurs et des défauts analogues à ceux que nous reprochons aujourd'hui aux auteurs de nos propres cosmogonies, religieuses ou autres. Pour nous qui savons que la Création ne mesure point le temps, et que, si nous voulons l'exprimer, les siècles sont les unités dont il faut nous servir, les derniers seuls se rapprochent de la réalité; les derniers seuls nous intéressent; les écarts mêmes de leurs calculs nous disposeront à plus de confiance en leurs recherches et nous feront plus vivement désirer de les suivre avec eux et d'en connaître, s'il se peut, les éléments.

L'état de l'astronomie, lorsqu'ils écrivaient, ne pouvait en effet leur être d'un secours sérieux; et, d'ailleurs, on verra par la suite de cette notice qu'ils ont dû s'aider d'autres circonstances qui n'ont aucune relation avec l'astronomie et qui sont précisément ce que nous cherchons.

Si l'on remonte, dit le P. de Prémare, avec le Vai-ki (1) jusqu'à Pan-kou, que nous savons déjà n'être que l'idée ou le plan idéal de l'homme, "les chinois l'emportent de beaucoup sur les Chaldéens et sur les Egyptiens (2) car, si on en croit le calcul de divers auteurs depuis Pan-kou jusqu'à la mort de Confucius, qui tombe 479 ans avant J. C., il s'est écoulé 2,276,000 ans ou seulement 276,000 ans, ou même 3,276,000 ans, ou enfin, ce qui dit beaucoup plus, 96,961,740 années."*

(1) "Le Vai-ki ou plus exactement le Tong-kien-vai-ki est une histoire ancienne faite par Lieou-jou, aussi nommé Lieou-tao-yuen, qui vivait sous la dynastie des Song et travailla sur l'histoire avec Se-ma-kouang."—Note du P. Gaubil.

(2) On verra plus tard que cette déduction du P. de Prémare n'est pas juste, car les auteurs Chinois qui ont écrit sur ces époques lointaines ne regardent point comme appartenant à une race particulière les personnages de leurs périodes.—G. E. S.

* Discours préliminaire, page LV.

On voit que les auteurs chinois ont du moins appris avant nous que le temps n'était rien en cosmogonie. Cela seul leur mériterait déjà notre estime. Mais nous l'avons déjà dit.

Se-ma-tsien qui, malgré l'opinion du P. de Prémare et de quelques lettrés qui lui reprochent amèrement les éloges exagérés qu'il fut forçé de donner à la dynastie des Han,* peut-être considéré comme le Tite-Live de la Chine,† Se-ma-tsien, qui avait fait, avant d'écrire, de fréquents et longs voyages dans lesquels il s'informait des antiquités de toutes sortes échappées au temps, et avait enfin été nommé Président du Tribunal de l'Histoire Nationale, appuie au moins ces périodes dans son Che-ki‡ ou Histoire Universelle, s'il n'y remonte pas lui même. Tchou-hi (1) qui fit sur l'Y-king des commentaires d'une grande sagacité, exprime nettement son avis: qu'il ne faut pas blâmer ceux qui prétendent aller même jusqu'au delà de Fo-hi et de Chen-nong.§ Tchao-tse après de longues études entreprises par ordre de l'Empereur avec Fou-cheng, sous la dynastie des Hang, sur les restes et les vestiges de l'antiquité et notamment sur les caractères Ko-teou ou Kou-ven‖ qui composent la plus ancienne écriture chinoise et qui, sous leur forme de têtards, paraissent avoir de grandes analogies avec les caractères cunéiformes, (2) Tchao-tse dit "que depuis le moment ou le ciel et la terre ont été en mouvement, jusqu'à celui où ils finiront, il doit y avoir une révolution entière. Une révolution contient douze périodes et la période 10,800 ans"** "Depuis la troisième période jusqu'à la septième

* Tome 1, page 131.

† Tome 1, page 82.

‡ Mémoires &c., Tome 8, page 107.

(1) "Tchou-hi est le fameux Tchu-ven-kong, le plus grand des athées chinois si l'on en croit quelques savants: ce que j'en dirai en passant, c'est que j'ai fait voir que ce philosophe n'est pas plus athée que Socrate et Platon et qu'on l'a fait passer pour athée sans aucune preuve."—Note du P. Gaubil.

Tchou-hi a fait sur les Cosmogonies un ouvrage remarquable appelé Kang-mo.

§ Recherches sur les temps &c., page LXIIJ.

‖ Mémoires &c., Tome 3, page 309.

(2) Cette circonstance est remarquable à plus d'un titre; on n'ignore pas le secours que prête à la Science la linguistique appliquée à l'analyse des éléments primitifs du langage, ni les résultats, conformes à ceux de la paléontologie, auxquels elle conduit. En outre, si cette analogie était établie, ce serait un nouveau fait en faveur de l'Unité de l'espèce humaine.

** Recherches sur les temps &c., page LXIV.

sous laquelle Yao naquit, il s'est écoulé plus de 45,000 ans et plus de 99,000 depuis le commencement du monde." *

Malgré ses obscurités et une confusion d'idées souvent embarassantes, on distingue cependant dans le Lou-ché † du très érudit Lo-pi, de la Dynastie des Song, des passages où ces périodes sont aussi adoptées; mais parmi les circonstances avec lesquelles elles se lient dans cet ouvrage ainsi que dans ceux qu'il reste à faire connaître, il en est d'un genre qui n'a été qu'à peine touché jusqu'ici et sur lequel il convient de revenir encore avant de continuer.

IV.

Si l'on ne conteste pas les calculs de Sir C. Lyell, les bases mêmes sur lesquelles il les a établis pourraient être discutées; de ce que les dépôts qui constituent l'écorce la plus superficielle du globe se forment avec une excessive lenteur, il ne suit pas nécessairement qu'aux époques pré-historiques, des révolutions plus multipliées ou plus puissantes n'aient pu accélérer ces accumulations. Toutefois les différents caractères des objets mélangés à ces dépôts, ajoutent tant de force à cette hypothèse que si l'on considère qu'en une telle question, les chiffres ne sont et ne peuvent être qu'un moyen dont l'esprit a besoin pour saisir et embrasser le temps, on reste convaincu qu'ils sont, du moins, fort probables, et l'on arrive même à se demander s'ils ne sont point plutôt, des minimums. Ce qui, dans la plupart des miracles, nous rend si rebelles, ce contre quoi la pensée n'a jamais cessé de protester, c'est, au fond, le faux et timide synchronisme avec lequel on a voulu à toute force, jusqu'ici, qu'ils se soient produits dans toutes leurs circonstances, encore que tout au contraire démontre leur anachronisme. Une fois d'accord sur cette grande question de *temps*, une fois ce point reconnu que le temps n'est rien dans l'œuvre de la création, tout s'explique, car tout devient vrai par rapport à Dieu, normal par rapport à l'homme. Le prodige ne cesse pas, car tout est, dans le monde, et restera éternellement prodige; de l'idée à l'acte, de l'idée à la forme, ou si l'on veut

---

* Recherches sur les temps &c., page LXV.

Ne serait ce point là l'origine de la légende biblique des sept jours ou sept périodes de la création, avec cette différence que pour les chinois la création n'est point arrêtée et qu'elle doit compter encore cinq journées?

† Mémoires concernant &c., Tome 1, page 101.

Le Lou-ché se trouve à la Bibliothèque Impériale de Paris.

de l'idée de Pan-kou à Pan-kou fait homme, il y aura toujours la distance de l'infini, mais ce faux synchronisme écarté, la transition trouve place dans notre intelligence et ne la révolte plus. Nous parler de nos ançêtres ainsi qu'en parle la Bible, comme s'ils étaient entrés de plain pied dans une condition semblable à celle où se trouvaient les Israélites à leur arrivée en Egypte; passer, comme le livre sacré, sans transition marquée et en quelques pages d'Adam à Noé et de Noé à Abraham; nous dire qu'après avoir fait à Adam et à sa femme des tuniques de peau et les en avoir revêtus, l'Eternel les envoya hors du paradis terrestre cultiver le sol, et nous représenter leurs fils, l'un, comme laboureur, et l'autre, comme pasteur, ce n'est proprement répondre que par des contes naïfs et enfantins aux questions les plus sérieuses et les plus raisonnables. Nous décrire l'état du globe quand nos premiers parents furent plaçés dans le paradis terrestre; nous montrer les nombreux essais que l'homme dût tenter avant de réussir à cultiver le sol et à élever des bestiaux; nous apprendre quels furent, dans le principe, sa manière de préparer sa nourriture, son mode d'habitation, et joindre à ce tableau les ustensiles, les armes, les engins de chasse ou de pêche dont il se servait, c'est satisfaire dignement à de dignes préoccupations, c'est cesser de traiter l'homme en enfant pour le traiter en homme. La suite de cette notice nous prouvera qu'on le peut à cette heure, et nous montrera que les cosmogonies Chinoises, malgré de nombreuses et très excusables incohérences, ont du moins le grand honneur de l'avoir toujours cru possible.

Les premiers examens des divers étages de l'écorce terrestre ne nous avaient rien appris que de fort vague sur les conditions que notre planète avait successivement traversées; les transformations graduelles qu'elles avaient subies nous avaient échappé; les phénomènes se juxtaposaient sans se relier et ce décousu nous faisait croire à autant de bouleversements, de cataclysmes violents. Déjà cependant ces observations toutes superficielles qu'elles étaient, avaient suffi à reporter notre imagination bien au delà des temps historiques. Sous l'influence de l'idée assez sommaire qu'ils nous faisaient concevoir du temps que ces révolutions, quelque brusques qu'elles eussent été, avaient dû exiger, nous avions été forçés d'allonger les jours de la Genèse et d'en faire de grandes époques successives. Plus tard, une observation plus attentive des dépôts de fossiles plaçés dans ces étages, nous amena à distinguer de secondes époques et à reconnaître, pour ainsi dire, dans les jours de la Genèse des heures ou plutôt d'autres temps dont nous ne pouvons fixer ni les limites ni la durée, mais parfaitement établis. C'est ainsi, par exemple, qu'après celui des végétaux, le jour de la création des animaux dut être divisé en différents âges que l'on nomma suivant la prédominance des espèces dont on retrouvait les ossements: âge de l'ours des cavernes, âge du tigre, de l'aurochs, de l'élan, du renne, &c. Mais voici maintenant que les heures se fractionnent à leur tour et leurs parties se multiplient et s'allongent dans des proportions inattendues. C'est, ainsi qu'on l'a déjà vu, ce qui a lieu depuis une dizaine d'années surtout, pour l'heure où l'homme fit son apparition sur le globe. Non seulement elle a commencé beaucoup plutôt ou beaucoup plus loin qu'on ne le pensait; mais elle se manifeste par degrés, par progressions, et chacune de ces progressions est elle même une longue époque. Voilà ce que nous apprend l'étude plus circonstanciée des dernières couches, de celles qui préçédent immédiatement les terrains actuels. Nous croyions que l'homme ne s'était montré pour la première fois qu'avec le renne, et nous retrouvons ses traces jusque dans les dépôts de l'âge de l'ours, du tigre, &c., et ces traces sont si évidentes, si caractéristiques, si abondantes et se trouvent si généralement distribuées que ce sont elles qui, par les traits distinctifs qu'elles présentent, selon les étages où elles existent, servent maintenant à classer ces époques (1). Ainsi la contemporanéité de l'homme avec les animaux que l'on croyait déjà disparus du monde au moment où il se montra, résulte d'une manière frappante et aujourd'hui absolument incontestée, des instruments et

(1) Les Chinois semblent avoir eu l'idée d'établir aussi leurs époques sur les caractères tirés du règne animal; mais, est-ce par les mêmes motifs que nous? c'est ce que l'on ne sait pas et ce qu'il serait intéressant de rechercher. Seulement, au lieu d'interrompre, comme nous venons de le faire, leurs séries animales et de les arrêter à l'apparition de l'homme, ils les continuent, ne regardant l'homme que comme une des évolutions de la création et non comme la fin de ces évolutions. Hou-chi et Tchao-tsé disent que "le ciel commença ses opérations à la révolution du Rat, la Terre à la révolution du Bœuf, et que l'homme fût produit à la révolution du Tigre. L'Homme fait aussi ses opérations," Yao c'est-à-dire l'homme achevé, "naquit à la révolution du Cheval: la Septième. À la Onzième le chien fera les siennes, et après avoir passé par tous les dégrés dont elles sont capables, elles cesseront d'être et le Ciel, devenu sans force ne produira plus rien jusqu'à la Douzième période où la terre et tout ce qui l'environne se détruiront aussi, et tout l'Univers rentrera dans le chaos. Ce chaos sera une période entière à se débrouiller &c."—Recherches sur les temps &c., page LXIV.

des ossements humains que, depuis 1841, où M. Boucher de Perthes eut l'honneur d'inaugurer ces découvertes, l'on ne cesse de trouver, on peut dire, dans toutes les parties du monde, mélangés dans les sables ou incrustés dans les brèches, et autres roches de diverses natures, avec les débris de ces mêmes animaux (1). Ces instruments consistent en haches, maillets, couteaux, flèches et autres outils plus petits en pierres taillées; en bois de cerf, os, dents, lames d'ivoire, cornes et coquillages façonnés dont les plus précieux, et les mieux conservés furent extraits des cavernes, en même temps que des ossements et même des crânes d'hommes. Certains ossements d'animaux portent l'empreinte des instruments qui ont servi à les casser et à en détacher les chairs, d'autres sont encore traversés par ceux à l'aide desquels l'animal a été frappé.

(1) Il ne serait peut-être pas, d'après certains faits qu'on relève dans les livres chinois, aussi sûr qu'on le dit, que ces anciens animaux eussent tout-à-fait disparu. Les descriptions qu'ils donnent de quelques espèces dont ils parlent comme si elles existaient encore, et qui ne s'appliquent guère à celles que nous connaissons sur nos continents, provoquent un rapprochement involontaire avec les espèces réputées éteintes.

Parmi les *Observations de physique de l'Empereur Kang-hi* dont les mémoires des anciens Jésuites donnent quelques traductions, on lit que "l'on trouve sur la côte de la mer du Nord où le froid est intense et presque continuel, un animal nommé Fen-chou, dont la figure ressemble à celle du rat, mais qui est gros comme un éléphant: il habite les cavernes obscures et fuit sans cesse la lumière. On en tire un ivoire qui est aussi blanc que celui de l'éléphant, mais plus aisé à travailler et qui ne se fend pas. L'ancien livre Chin-y-king, parle de cet animal en ces termes: il y a dans le fond du Nord, parmi les neiges et la glace qui couvrent ce pays, *un chou* (rat) qui pèse jusqu'à mille livres; sa chair est très bonne pour ceux qui sont échauffés. Le *Tsée-chou* le nomme Fen-chou; et parle d'une autre espèce qui n'est pas si grande: il n'est grand, dit il, que comme un Bufle, s'enterre comme les taupes, fuit la lumière, et reste toujours dans les souterrains. On dit qu'il mourrait s'il voyait la lumière du soleil ou même celle de la lune."—Mémoires concernant les Chinois, Tome IV, page 481.

"Le Kan-ta-han est une espèce de cerf du pays de Fou-yo-eulh-tsi; sa couleur est d'un noir qui tire sur le bleu foncé; il a au dessus du col une espèce de fanon de chair fort gros et sur l'échine une bosse comme le chameau. Cet animal est très gros et plus pesant qu'un bœuf; ses cornes sont assez grosses, recourbées et d'une substance qui ressemble à celle des os; elles ont plus de force et de dûreté que le meilleur ivoire, &a."—Mêmes observations et même volume, page 459.

"Le Renard volant se trouve dans les épaisses forêts de la Tartarie, au Nord de la Grande Muraille; les ailes ne sont que des peaux légères qui vont d'un pied à l'autre et se terminent à la queue. Cet animal ne vole qu'en s'élançant du haut d'un arbre sur un autre qui est plus bas; mais il ne peut pas voler en montant: les anciens ont connu ce renard singulier, puis qu'ils

Dès à présent donc se dégage une partie de l'histoire primitive de nos ançêtres; pas d'animaux domestiques, pas de métaux, pas d'instruments propres à cultiver le sol; la chasse et la pêche étaient leurs seules ressources; en fait d'habitations, les cavernes dont ils disputaient la possession aux bêtes fauves. Encore les avaient-ils toujours habitées? avaient-ils toujours su s'y réfugier? Faibles au début, peu nombreux, ainsi qu'on peut en juger par le petit nombre et la grossièreté extrême des vestiges qu'on en recueille dans les couches les plus anciennes de l'époque quaternaire, à laquelle tout ceci se rapporte, ils se glissaient silencieusement à travers cette nature que pourtant ils devaient dompter. Mais peut-être étaient-ils déjà bien éloignés de leur première origine. N'a-t-on pas trouvé dans le calcaire de la Beauce, c'est-à-dire en plein miocène, des silex travaillés et une mâchoire de rhinocéros, portant une entaille visible, ce qui le reporterait en effet aux derniers temps de l'époque tertiaire.

À en croire les traditions chinoises, cela ne serait point douteux.

Mais avant de continuer à les interroger, voyons d'abord ce que la science européenne doit à ses propres recherches.

Si l'on compare, dit Mr. A. Maury, dans le tableau qu'il fait de l'homme primitif et que je lui emprunte, "si l'on compare les divers objets en pierre et en os taillés, fournis par les couches quaternaires, les cavernes et les plus anciennes sépultures, on est frappé des différents modes de travail qu'ils représentent. Les uns sont façonnés de la manière la plus grossière et ne présentent que les premiers rudiments de la fabrication, d'autres témoignent d'un art moins inhabile, enfin il en est où se révèlent une adresse et une dextérité singulières. Ces progrès palpables de l'industrie primitive permettent de classer ces dépôts selon une échelle de

lui ont donné un nom qui l'a caracterisé distinctement. L'auteur du Niu-ching-chi, dit qu'il y a un renard qui se nourrit de glands et de pignons, puis s'envole dans les Hiên-gin (Demi-dieux du Tao-sée). Cette fable ridicule a été imaginée pour persuader un fait qu'on trouvait dans les anciens, et qu'on voyait, par ignorance, dans le faux jour d'un merveilleux outré. Il y a à Kiéou-ouai une espèce de rat volant, il est un peu plus gros que les rats ordinaires et a les ailes comme le renard dont nous venons de parler."—Même volume, page 455.

Quels peuvent être ces animaux? Qui sait si on ne les retrouvera pas un jour, retirés, comme en un dernier refuge, dans quelqu'île inconnue de la mer libre du pôle Nord? Ainsi s'expliqueraient les mammouths en chair et en os que nous charrient de temps à autre les glaces du Nord. On sait qu'une espèce de grand tigre, plus grand que celui de l'Inde, à longs poils, existe encore dans les forêts de la Tartarie.—G. E. S.

civilisation relative, car un dépôt ne renferme presque jamais à la fois des armes et des engins appartenant à ces diverses catégories. Ce qu'on pourrait appeler un style déterminé caractérise chaque trouvaille.

"La physionomie de la faune apporte un second élément chronologique. Les animaux dont les ossements sont associés aux traces de l'homme n'ont pas fait tous en même temps leur apparition. L'*Ursus-Spelæus* qui paraît avoir précédé chez nous l'*hyène* et le grand *felis* des cavernes firent graduellement place aux grands mammifères septentrionaux, à l'*elephas primigenius*, au *rhinocéros tichorinus*, au renne alors que la température alla s'abaissant. Le renne survécut à ces énormes pachydermes et laissa après lui l'aurochs, qui s'éteignit à son tour pour ne plus laisser sur notre sol que les espèces que nous y observons encore. Les transformations du règne animal peuvent donc servir de points de repère dans cette nuit profonde de la période antéhistorique. C'est par l'emploi simultané de ces deux éléments chronologiques qu'il est possible de classer suivant la succession des temps les vestiges des premiers humains."

Dans les dépôts les plus profonds de l'époque glaciaire, dans les dépôts lacustres, dans les sables et les graviers fluviatiles du Suffolk et de diverses localités du Bedfordshire, dans les transports sableux et caillouteux de la Somme et de l'Oise, et dans les sablières du Champ de Mars à Paris, on trouve des ossements de l'hippopotame, du grand castor, du renne, du bœuf musqué qui aujourd'hui n'habitent plus que des contrées beaucoup plus septentrionales. Associés à leurs débris, on trouve des silex et des objets en pierre dénotant le travail le plus grossier et l'état social le plus rudimentaire.

Les cavernes des Pyrénées situées à 150 et 250 mètres au dessus du niveau des vallées actuelles, dans lesquelles existent les mêmes débris, se rattachent au même temps.

"Les armes et les ustensiles de cette première époque sont des haches lancéolées, taillées à grands éclats. On reconnaît aisément que ces silex dont la patine blanchâtre dénote l'excessive antiquité, furent destinés à trancher, à fendre et à percer. Quand les pointes sont aigües, elles ont été obtenues par des cassures à plus petits éclats; quelques unes de ces pierres figurent de véritables grattoirs.

"Le second âge s'annonce par un travail plus intelligent de la pierre; mais les caractères zoologiques ne sont pas assez tranchés pour le distinguer du premier. Les débris appartenant à cette époque se trouvent surtout dans les cavernes, et entr'autres, dans celles des Pyrénées qui sont creusées au pied des montagnes. Pendant cet âge, les carnassiers paraissent avoir été moins répandus, ce qui explique la multiplication des ruminants. Les grands pachydermes vivent encore; le renne abonde dans le midi de la France, à en juger d'après les ossements qu'on a rencontré non seulement dans les brèches et dépôts des cavernes du Périgord et de l'Angoumois, mais aussi au pied de certains grands escarpements de calcaires crétacés où ils sont mélangés avec de nombreux silex taillés.

"L'homme de cette époque emploie à la fois, les os, les cornes et la pierre qu'il façonne avec plus d'adresse. Les flèches sont barbelées, des silex sont taillés en scies, on rencontre des ornements éxécutés avec des dents, des cailloux; on a extrait de plusieurs cavernes et notamment de celle des Eyzies des siflets faits avec des phalanges de ruminants creusées et percées d'un trou. Enfin on a trouvé des ivoires et des bois de renne fouillés et ciselés et même des schistes, des ivoires et des cornes sur lesquels sont dessinés avec la pointe d'un silex l'image des animaux d'alors. Le plus surprenant parmi ces dessins ou *graffiti* est celui qui a été découvert en 1865 dans la grotte de la Madeleine près de Sarlat et qui représente, sur une lame d'ivoire, l'image du mammouth avec sa longue crinière. Mais l'homme n'a pas seulement reproduit l'image des animaux, il a aussi essayé de dessiner la sienne propre, ainsi que le prouve un outil cylindrique retiré des cavernes du Périgord et dont les deux faces sont décorées de deux têtes d'aurochs et d'une figure humaine. Cependant les grands carnassiers coexistaient encore avec lui. Non seulement il était déjà sorti de l'état le plus sauvage, mais il semble résulter de l'attitude repliée de quelques squelettes trouvés dans les grottes d'Aurignac, attitude identique à celle qu'on a observée dans les anciennes sépultures de la France, de la Suisse, de la Suède, de l'Algérie et du Pérou, que l'homme avait déjà l'habitude de certains rites funéraires. Des grottes de ce second âge ont été découvertes dans le Liban, à Natchez, dans le comté de Gasconnade (Kentucky) à Big-bone-lick (Missouri) &c., et ont fourni les mêmes débris. On y a même découvert des ossements humains.

"Le troisième âge est marqué par l'apparition de la pierre polie, car jusqu'à présent aucun spécimen ne portait de traces de polissage. Ces instruments en silex, en serpentine, en néphrite, en obsidienne, ce ne sont plus les anciens dépôts ni les cavernes qui les fournissent, mais on les trouve dans des couches plus récentes et plus superficielles, telles que les tourbières, dans des sépultures d'une excessive antiquité comme celles que recouvrent les dolmens, dans les anciens camps retranchés de César, de Furfooz, d'Hastedon, de Poilvache, &c. Ce sont ces instruments trouvés par milliers auxquels les antiquaires ont donné le nom de *Celts*.

"Une grande quantité est faite en pierres de plusieurs espèces fort différentes de celles qui existent dans les localités voisines, ce qui implique la nécessité d'échange et de trafic. Quelques unes même ont dû être apportées par mer. Les grands animaux pachydermes ou carnassiers n'existent plus, mais on rencontre le cheval, le loup, le chien, le mouton et la chèvre, &c. Le renne ne se montre plus; en revanche on y trouve les animaux domestiques qui font complètement défaut dans les cavernes du Périgord. Evidemment le climat était alors devenu ce qu'il est de nos jours, on était au seuil de la période historique."

Ces observations s'appliquent également aux débris d'animaux qu'on déterre avec ceux de l'homme sous les dolmens et sous les allées couvertes qui existent en France et en Angleterre et qu'on prît pendant si long temps pour des autels et des édifices druidiques. Les objets déposés sous ces dolmens et allées couvertes sont aussi des silex et, pour la première fois, des poteries grossières.

"De quelques unes de ces sépultures, mais seulement de quelques unes, on a extrait des armes et des outils en bronze et il en existe où la pierre est presque complètement remplacée par ce métal; mais alors on remarque que l'architecture funéraire a, par suite de l'emploi de outils en métal, pris de nouveaux développements; l'intérieur des tombeaux, au lieu de se borner à une simple cavité, se divise en galeries et en chambres souterraines."

La présence simultanée de la pierre et du bronze peut caractériser une époque de transition; la coexistence des deux matières prouve que les dolmens et les allées couvertes s'élevèrent durant une période qui s'est liée immédiatement à celle que distingue la préparation des métaux. Les monuments mégalithiques ne se rencontrent pas seulement dans les contrées qu'ont habitées les Celtes. On en a observé en Syrie, en Afrique, dans l'Hindoustan, et il y a peut-être lieu de penser qu'en Chine où ce genre d'architecture s'est conservé jusqu'à présent pour les tombeaux et les portiques que l'on appelle Pei-li ou Peï-fang, des recherches amèneraient des découvertes intéressantes. A cet âge se rattachent encore les amas de coquilles qui existent sur les côtes du Danemarck et auxquels on a donné le nom de Kjoekkenmoeddings (ou rebuts de cuisine) et enfin les cités lucustres ou *palaffites* que l'on découvre au fond des lacs de la Savoie, de l'Italie, de l'Irlande et d'où l'on ramène des ossements d'animaux identiques à ceux qui vivent aujourd'hui, des métaux et des poteries semblables à ceux des dolmens.

"On le voit par ce qui précède, il est dès lors possible d'établir d'une manière approximative une chronologie des dépôts qui se rapportent à l'âge de la pierre et de l'époque quaternaire. Mais il ne faut pas oublier les débris, malheureusement trop peu nombreux pour qu'on puisse en suivre l'enchaînement, trouvés dans les dernières couches du terrain miocène, c'est-à-dire dans les derniers temps de l'époque tertiaire et qui force à reporter l'existence de l'homme à une date encore plus reculée.

"Quant aux débris authentiques que l'on retrouve de l'homme à ces différentes époques, aucun de ceux, d'ailleurs très rares, du premier âge de l'époque quaternaire ne nous permet d'avancer rien de sérieux sur cette race. Les hommes des temps qui suivirent sont mieux connus. C'est à celui qui succède aux graviers de la Somme que l'on rapporte les crânes d'Engis et de Néanderthal dont on a déjà vu les principaux caractères. Les crânes de l'âge suivant présentent une capacité plus considérable, les parois en sont plus minces, mais le front est bas et fuyant, les arcades sourcillières en sont avancées, la racine du nez est écrasée, la face est courte, le menton manque de saillie. Les autres ossements indiquent un squelette grand et développé, mais ce n'est que dans les crânes trouvés sous les dolmens et au commencement du quatrième âge de l'époque quaternaire, de l'âge des métaux, qu'on reconnaît dans les caractères qu'ils présentent un progrés vers la beauté telle que nous la concevons.

"Tels sont les éléments qui dès aujourd'hui peuvent nous servir de jalons pour la nouvelle histoire primitive de l'homme qu'il sera peut-être donné à l'avenir de reconstruire. Après avoir traversé une longue série de modifications et de progrès dont nous ne nous rendons pas encore compte, les hommes, du moins ceux de l'Europe, ont d'abord taillé la pierre pour s'armer, puis ils l'ont adaptée à certains usages, ils ont façonné les ossements des animaux, et, s'habillant de leur peau, ils ont long temps vécu dans des cavernes, chasseurs comme toutes les races primitives; enfin, quelle que soit la véritable cause de ce changement, ils ont quitté les antres pour les cabanes, ils ont connu l'agriculture, les plantes textiles et alimentaires, possédé des animaux domestiques et fondé des sociétés. Ils ont alors poli la pierre et donné naissance à un peuple puissant dont les dolmens furent les monuments funèbres. Ils ont connu l'or, le bronze et une sorte d'opulence grossière.

"On est donc ainsi amené à constater pour l'homme la loi nécessaire du progrès, la loi de la perfectibilité; elle est inscrite sur chaque échelon que l'humanité gravit dans sa marche; et cependant les faits que nous venons de retracer ne nous font qu'à peine entrevoir les divers degrés qu'elle a du traverser, l'état antérieur et originaire nous échappe entièrement; obscur et faible comme tout ce qui commence, il n'a pour témoins que des acteurs peu nombreux et qui ont entièrement disparu de la scène. À la distance où nous sommes des points de départ, il se trouve que la plupart des jalons intermédiaires ont été enlevés."

Voyons maintenant si les traditions de la Chine et les vestiges qu'elle a pu conserver pourraient nous en faire retrouver quelques uns.

V.

Bien qu'en tout ce qu'elles disent de cette première aube de l'humanité, régne une assez grande confusion, l'on distingue pourtant dans ces traditions, trois grandes époques entre l'incorporel Pan-kou et Chen-nong à la face bestiale. Les deux premières sous les titres de Tien-hoang et de Ti-hoang, comprendraient suivant les uns, pour la première, celle des Tien-hoang, treize rois ou chefs de races, nommés Vang, c'est-à-dire *espérance** ayant vécu chacun 18,000 ans; suivant les autres, un seul chef ayant vécu 18,000 ans; et pour la seconde, celle des Ti-hoang, onze chefs de race ou un seul ayant aussi vécu 18,000 ans chacun. Et ce sont bien de véritables années qu'il s'agit, car pour désigner ce qu'aujourd'hui on appelle un an, on disait *un changement de feuilles*, comme on le dit encore dans les petites îles de Lieou-kieou.†

La troisième période ou époque est celle des Gin-hoang, qui comprend neuf chefs qui ont duré 45,600 ans, et à qui on attribue des faits qui impliquent contradiction avec ceux des époques suivantes, mais au milieu des quels on pourrait deviner que c'est

* Recherches sur les temps, &c., page LXVJ.

† Page LXVIJ, lire d'ailleurs à propos de ces traditions les pages LIJ à LXVIJ.

alors que l'homme eût pour la première fois conscience de lui même et le sentiment, non pas encore du bien et du mal, mais seulement de ses actes.

"On lit dans le Yuen-lao-fan que ce fût sous les Gin-hoang que commença le bon gouvernement; alors le Seigneur ne fût plus un vain Roi, le sujet ne fût plus comblé d'honneurs sans raison; il y eût de la distinction entre le souverain et le vassal, on bût et on mangea, et les deux sexes s'unirent." *

C'est alors que Fo-hi est nommé pour la première fois; je dis pour la première fois, parcequ'en effet plusieurs auteurs le font reparaître dans plusieurs des périodes suivantes et qu'on ne le fait régner comme chef de race que sept ou huit périodes plus tard, bien que ces mêmes auteurs prennent soin d'avertir du vague où ils sont eux mêmes, en disant qu'il ne faut point plaçer telle ou telle période après Fo-hi. La lecture des textes, la connaissance des documents d'après lesquels ils travaillaient et des faits que nous devons à nos propres observations, permettraient peut-être d'établir quelque clarté dans ces traditions où ils sont les premiers embarassés. Fo-hi ne serait-il, suivant en ceci une idée qui plait tant aux Chinois et qui leur est si habituelle, qu'une allégorie destinée à représenter l'humanité en ses débuts informes, comme le têtard représente l'être à l'état embryonaire? Cela paraît probable, sans détruire aucune des conséquences que je suggérais à ce propos dans les premières pages de ce travail. D'où est venue aux Chinois, à l'époque surtout où ils imaginèrent cette allégorie, la connaissance du fait physiologique, qui nous a été divulgué depuis si peu de temps?

Quoiqu'il en soit, arrivés à cette époque, nous ne sommes point encore, d'après les Chinois, à l'âge des silex et de la chasse. Jusque là comment l'homme a-t-il vécu? de fruits et d'herbes crues seulement? Toutes ces époques ne seraient-elles encore que des allégories? Mais alors après un tel prodige de pressentiment physiologique, quelle merveille de connaissance psychologique!

Continuons toutefois nos explorations dans le domaine des cosmogonies chinoises et tâchons d'y reconnaître nos âges de silex que l'on serait maintenant presque tentés d'appeler modernes.

Après Gin-hoang commencent cinq petites époques ayant eu chacune plusieurs familles ou plusieurs chefs de races, auxquelles toutes ensemble, et y compris même celle des Gin-hoang, on donne

---

* Page LXX.

90,000 ans selon Lo-pi,* plus d'un million d'années, suivant un autre auteur qui, il est vrai, paraît être seul de son avis et ne pas l'appuyer sur des conjectures de beaucoup de valeur. C'est sous la troisième de ces petites époques, nommée Ho-lo, et qui n'eût que trois familles, "que les hommes apprirent à se retirer dans le creux des rochers."†

La septième période, nommée Sun-feï, comprend vingt deux familles qui durèrent un temps indéterminé. Certains auteurs veulent qu'elle n'ait pas eu plus de 1,800 ans; d'autres, et les plus anciens, disent positivement, au contraire, d'une seule de ces familles, qu'elle durât quinze cents ans; ils attribuent à une autre trois cents quarante ans d'existence, et à une troisième trois cents. Il parait du reste que ces familles n'auraient pas réellement existé et ne seraient que des symboles sous lesquels les plus anciens cosmogonistes auraient rangé une suite de faits. Ils ne parlent jamais de leurs chefs que d'une façon hyperbolique, mais assez transparente pour que l'on puisse en retenir quelques indications intéressantes. Ainsi l'on dit de Kiu-ling, premier roi de la première de ces familles "qu'il agit sans cesse, qu'il préçède le repos et le mouvement, qu'il retourne les montagnes et détourne les fleuves et qu'il n'était pas toujours dans le même lieu, mais qu'il y a beaucoup de ses traces dans le royaume de Chou."‡

Le royaume de Chou correspond à la province actuelle du Se-tchuen§ la plus occidentale de la Chine, une des plus rapprochées du Kouën-lün et des autres montagnes du Thibet. Nous avons pu y constater en effet, en 1863, les traces des profondes et nombreuses modifications dont elle a été le théâtre, regrettant de ne pouvoir consacrer à leur étude le temps et l'attention nécessaires.

Ce ne fût que sous la vingt deuxième famille de cette période que l'on cessa d'habiter les cavernes.‖

Après ces petites époques se placent deux périodes comptant la première treize, la seconde quinze ou seize familles. Sous la première famille de la première de ces deux périodes, "*Tchin-sang*, apprit aux hommes à préparer les peaux et à en ôter le poil avec des rouleaux de bois pour s'en servir contre les frimats et les vents

* Page LXXIJ.
† Page LXXVIIJ.
‡ Page LXXIIJ.
§ Page LXXIX.
‖ Page LXXVIIJ.

qui les incommodaient."* Sous la quatrième famille, "les Rois allaient les cheveux épars sans sceptre et sans couronne; les peuples, sans les reconnaître pour maitres, gardaient au fond du cœur leur vertu; alors le Ciel et la Terre gardaient un ordre charmant et toutes choses croissaient sans relâche; les oiseaux faisaient leurs nids si bas qu'on pouvait les prendre avec la main, et tous les animaux se laissaient conduire à la volonté de l'homme; on tenait le millieu et la concorde régnait partout; on ne comptait point l'année par les jours; il n'y avait ni dedans ni dehors, ni de mien ni de tien. C'est ainsi que gouvernait Houën-tün; mais quand on eût dégénéré de cet heureux état, les oiseaux et les bêtes, les vers et les serpents tous ensemble, comme de concert firent la guerre à l'homme."†

La onzième famille compte plus de cent générations pendant l'espace de douze ou de dix-huit mille ans. Alors on était déjà "devenu trop éclairé, ce qui fût cause que les animaux se révoltèrent; armés d'ongles, de dents, de cornes et de venin, ils attaquaient les hommes qui ne pouvaient leur résister; alors Yeou-tsao régna, et ayant le premier fait des maisons de bois en forme de nids d'oiseaux, il porta le peuple à s'y retirer pour éviter d'être dévoré des bêtes féroces; on ne savait point encore labourer la terre, on vivait d'herbes et de fruits, on buvait le sang des animaux, on dévorait leur chair toute crue et on avalàit le poil et les plumes."‡

Sous la douzième famille on découvre le feu et on apprend à cuire les viandes;§ on apprit aussi à pêcher.‖ Souï-gin,** sous le règne duquel cela se passait, reconnaît aussi les quatre points cardinaux, impose pour la première fois des noms aux plantes et aux animaux de telle sorte que leurs noms suffisaient à les faire reconnaître. Enfin il trouve les premiers caractères d'écriture, il découvre les poids et les mesures et fixe l'âge du mariage. Mais ces dernières innovations seront attribuées par la suite à d'autres chefs de races. Il serait plus juste et plus clair de dire que c'est sous ce règne que l'on commença à les soupçonner.

* Page LXXVIIJ.

† Page LXXX.

‡ Page LXXXIJ.

§ Page LXXXIIJ.

‖ Page LXXXIIJ.

** On raconte que pendant le règne de Souï-gin, un sage étant allé se promener au delà des bornes du Soleil et de la Lune, (ou en haut d'une montagne), vit un arbre sur lequel était un oiseau, qui en le becquettant fit sortir du feu. Il en fût frappé, et en prit une branche pour en tirer du feu.

Sous la treizième famille, "ce qui tenait lieu d'écriture, c'était des cordes remplies de nœuds." *

Je disais tout-à-l'heure que Fo-hi reparaissait en différentes périodes. En voici une, la neuvième des petites, composée de quinze Rois dont le Vai-ki et le Tsien-pun font quinze ministres, sous Fo-hi qu'il ne nomme pas autrement, comme s'il n'était qu'un Symbole sous lequel eussent régné ces quinze Rois.

Le premier de ces Rois est Se-hoang ou Tsang-kie. "Ce prince savait former des lettres au moment où il naquît. Une tortue divine portant sur son dos des lettres bleues, les lui donna; ce fût alors que, pénétrant tous les changements du Ciel et de la Terre, en haut il observa les diverses configurations des étoiles; en bas il examina toutes les traces qu'il avait vues sur la Tortue; il considéra le plumage des oiseaux, il prit garde aux montagnes et aux fleuves qui en sortent; et enfin de tout cela il composa les lettres. Les plus habiles Chinois prétendent que c'est l'ancienne écriture nommée Koteou-chou et disent qu'elle subsista jusqu'au Roi Siuen-vang, c'est-à-dire jusqu'à l'an 827 avant l'ère chrétienne. Mais Kong-ing-ta a très bien remarqué que, quoique la figure des lettres ait plusieurs fois changé, les six règles sur lesquelles Tsang-kie les forma n'ont jamais souffert aucun changement, &c." † (1)

L'on a vu sous les règnes précédents la conscience s'éveiller, le sentiment des actions naître, et le premier sentiment qu'il engendre est, naturellement, celui de la différence entre les rapports du père et du fils qui s'établit sous Tchang-kié. Voici maintenant quelque chose de plus; on ne dit pas encore, et on ne le dira que plus tard d'une façon positive, que l'homme ait conscience de ce qui était bien et de ce qui était mal, mais sous Tsang-kié paraissent

---

* Page LXXXIV.

† Page LXXXVIJ.

(1) Ce sont ces lettres qui forment le vieux texte du Hiao-king. On appelle ce texte Kou-ouen. Ce sont proprement des lettres vermiculaires mélangées de signes ayant la forme de têtards. Voir les planches III à VIII dans le Tome I des Mémoires des anciens Jésuites.

"Ces caractères sont déjà modifiés. Il y a en trois sortes de caractères Kou-ouen: le Tchang-kou-ouen dont il ne reste que les King et quelques inscriptions, le Tchong-kou-ouen et le Hia-kou-ouen. Le premier, le Tchang-kouen-ouen, est du Chinois tout pur suivant les missionnaires, laconique, plein d'images, d'une profondeur, d'un vrai, d'un lumineux, d'un bon sens et d'une probité qui enchantent. Les pensées y sont serrées les unes contre les autres et comme *pilées*, &c."—Mémoires des anciens Jésuites, Tome VIII, page 157.

les premières lois,* qui, effectivement, ont très bien pu être fondées sur les besoins et les intérêts d'une société naissante plutôt que dictées par le sentiment moral; et, ce qui donne quelque valeur à cette interprétation, c'est qu'après avoir dit que les lois parurent, on ajoute tout de suite que les chatîments fûrent en vigueur. Cependant les Rites et la Musique régnaient aussi.

L'Écriture est aussi inventée, mais même sous Tchong-yang, le troisième chef de cette époque, on se servait encore des cordes à nœuds, parceque les lettres n'étaient pas encore parvenues jusqu'à l'usage commun. C'est de ce chef que date le premier souvenir religieux. Jusqu'à présent les rapports de l'homme avec Dieu n'ont été que des rapports de sujétion, consciente ou inconsciente. Maintenant il en fait l'Objet d'un culte, et, pour la première fois il Lui dresse un autel. Lo-pi, qui comprend toute l'importance de ce fait, en parle fort au long dans son Lou-che.† Toutefois on ne sent pas encore le besoin d'en rendre les démonstrations fréquentes et génerales. Une seule à l'avènement de chaque famille régnante suffit. Rien non plus n'indique que ce culte fût fondé sur un sentiment bien parfait de la Divinité. Remarquons d'ailleurs qu'il est postérieur à celui de la famille. Dès cette époque aussi, il semble qu'on ait déjà soupçonné cet aphorisme qui ne devait se formuler que beaucoup plus tard et que beaucoup plus tard encore les Latins ont traduit par "*Mundum regunt numeri.*" On attribue en effet à ce Tchong-yang, entre les nombres et l'homme, un rapprochement remarquable pour lequel je renverrai à Lo-pi qui le rapporte.‡

On ne parle pas encore de l'agriculture. Celui qui doit la personnifier ne naîtra que plus tard, mais il est probable qu'on en connaît au moins les opérations essentielles: en tous cas, on connaît le blé.§ C'est du même aussi qu'on fera dater l'usage de la pierre, mais on verra, quand son époque sera venue que l'agriculture et l'emploi de la pierre constituaient des arts, et même des arts très avancés et rendus vulgaires. Quoiqu'il en soit, dès à présent l'on a plus de motifs qu'il n'est nécessaire, pour être certain que la pierre entrait dans l'outillage de l'homme. Eût-il dû ne s'en servir qu'en la fixant sous forme d'écaille ou de massue au bout d'un bâton, elle lui fût indispensable dans la lutte que

---

* Page LXXXVIJ.
† Page LXXXVIIJ.
‡ Page LXXXVIIJ.
§ Page LXXXVIJ.

nous avons vu les animaux lui livrer il y a déjà plusieurs chefs, je veux dire plusieurs périodes.

Après Tchong-yang viennent trois Empereurs ou Chefs de Races dont les règnes offrent quelques particularités assez remarquables. Ainsi l'on dit que "sous le règne du premier de ces Empereurs, le ciel donna la douce rosée, la terre fit sortir de son sein des sources de nectar; que le soleil, la lune et les étoiles augmentèrent leurs clartés et que les planêtes ne s'écartèrent point de leur route."* Or il est bien évident que ce nectar n'était que de l'eau pure, ainsi que le fait remarquer le Père Gaubil, qui, en traduisant ainsi le mot chinois Huen-tsiou, rappelle ce vers d'Ovide:

"*Nectar erat manibus hausta duabus aqua.*"

Mais si l'on parlait de l'eau pure en ces termes, c'est qu'évidemment aussi, sa rareté la rendait précieuse; c'est que les eaux de la mer ne s'étaient point encore retirées, ou plutôt que la terre ne s'était point encore assez élevée hors de la mer pour que les sources qu'elle renferme ne fûssent pas saumâtres. Les faits relatifs au soleil et aux étoiles seraient peut-être plus difficiles à comprendre.

Sous Hien-yuen-chi, septième Empereur de cette période, Lo-pi, que le P. de Prémare suit surtout dans ses recherches, et non seulement Lo-pi, mais la plupart des auteurs, condensent un assez grand nombre de faits intéressants qui impliquent la connaissance plus ancienne, sinon aussi générale, de quelques uns d'entr'eux et nous permettent de nous figurer l'état de l'humanité à cette époque. Le règne de cet Empereur nous fournit en outre un point de repère très précieux relativement aux époques que la Géologie nous permet aujourd'hui d'établir.

Pour les Chinois l'humanité était encore confinée sur le mont Kouën-lün ou dans ses environs immédiats. Soit qu'il lui ait pris son nom, soit qu'il lui ait donné le sien propre, le nom de Hien-yuen-chi n'est pas autre, d'après le Lou-che, que celui d'une montagne située tout au bas du Kouën-lün, sur laquelle il se retira pour se mettre à l'abri du vent et des pluies.† Parmi les recueils des traditions, recueils fort anciens eux mêmes, qui se rapportent à ce règne, deux portent le nom de Se-haï et de Chan-hai-king. Or, le premier de ces titres veut dire les *Quatre Mers*, rappelant certainement qu'alors le monde, réduit cependant aux chaînes du Kouën-lün, était entouré de mers; et le second signifie: Livre des Montagnes et des Mers, indiquant ainsi et ce semble

* Page XC.

† Pages XCJ et XCIJ.

d'une façon assez claire, que les plaines étaient encore submergées. Ce n'est pas la première fois, on peut le remarquer, que des faits analogues sont signalés à des intervalles de plusieurs milliers d'années; aussi ne hasarderons nous aucune conjecture sur la période glaciaire ou l'oscillation auxquelles ils se rapportent. Il nous suffira de noter que dès cette époque l'on connaissait, du moins içi, de ce côté du monde où fût le berceau de la société civilisée, l'on connaissait déjà non seulement l'échange, mais le commerce sorti de l'enfance, avec les plus significatifs de ses auxiliaires, la Monnaie et la Balance. On connaissait l'agriculture et l'industrie, on tissait des étoffes, &c. "Hien-yuen fit battre de la monnaie de cuivre et mit en usage la balance pour juger du poids des choses, par ce moyen l'Univers fût gouverné en paix.....Les marchandises consistaient en métaux, *Kin*, en pierres rares, *Yu*, (1) en ivoire, *Tchi*, en peaux, *pi*, en monnaie battue, *Tsuen*, (2) et en étoffes, *pou*.* D'un autre côté cependant, et c'est là un second point de repère, "les hommes sous cet empereur et jusqu'au douzième, ne sont point nombreux; on ne voyait que de vastes forêts; les bois étaient pleins de bêtes sauvages et l'on coupait les branches des arbres pour les tuer."† Notons aussi que c'est la première fois qu'il est question des métaux; mais, nous verrons tout-à-l'heure qu'on en parlera comme d'une chose déjà ancienne et remontant à Soui-gin, en même temps que la découverte du feu. Tout d'ailleurs en implique dès maintenant tous les usages. Enfin le tableau un peu trop naïf, pour qu'il soit utile de le rapporter en entier, que Lo-pi fait de la civilisation de cette société naissante, montre que ses besoins, intellectuels et moraux, étaient fort bornés; "l'Empereur respectait le peuple et ne négligeait rien. Sous lui les hommes vivaient en paix sans trop savoir ce qu'ils faisaient; ni où ils allaient......Après avoir donné le jour au travail, ils donnaient la nuit au repos. Quand ils sentaient la soif ils cherchaient à boire, et quand la faim les pressait, ils cherchaient à manger. En un mot, ils ne connaissaient point encore ce que c'était que bien ou mal faire." C'était enfin cet état de satisfaction physique et d'insouciance qui préçède

(1) Silicates de diverses sortes.

(2) "La monnaie de Hien-yuen avait un pouce sept lignes et pesait douze tchu. Un tchu est la vingtième partie du Yo, et le Yo pesait douze cents grains de millet, et on gravait des lettres sur ces monnaies."—Page XCIIJ.

* Page XCIJ.

† Page XCVJ.

dans l'homme l'âge des sensations plus nobles. L'humanité avait vingt ans. Elle avait vingt ans, car la voiçi, sous Tcho-yong, le onzième Empereur, qui s'enflamme de l'amour du bien et qui, tourmentée de ces aspirations vagues que l'on éprouve à cet âge, demande à ce qui l'entoure de nouvelles jouissances. La musique affecte son entendement et l'harmonie de la nature le pénètre. Sous Tcho-yong. "Le peuple s'excitait à la vertu avant qu'il fût menacé de châtiments. La société civile étant si bien réglée, l'Univers jouissait de la paix et toutes les créatures étaient soumises; ce fût alors que Tcho-yong, écoutant à Kan-tcheou, le concert des oiseaux, fit une musique d'union dont l'harmonie pénétrait partout, touchait l'esprit intelligent et calmait les passions du cœur de l'homme, de manière que les sens étaient sains; il appela cette musique: *Tsie-ven,* c'est-à-dire: la tempérance et la grâce. Et ce n'est pas seulement une musique de sons dont parlent les antiquités chinoises; quoiqu'on y trouve souvent en effet des concerts de sons, le but principal est l'harmonie de toutes les vertus, de manière que le concert n'est parfait que quand le corps et l'âme étant d'accord, la concupiscence est soumise à la raison.* Au reste cette musique est toujours jointe à l'urbanité extérieure. La politesse, dit le Lou-che, regarde le dehors, mais elle doit venir du dedans... L'urbanité gouverne l'extérieur et la musique nous ramène au dedans de nous mêmes." (1)

---

* Page XCIV et Li-ki Chap. Yo-ki.

(1) On me saura peut-être gré de citer ici, en dehors de ce travail, quelques passages des livres chinois qui, à l'occasion de la musique et de la danse, peuvent donner un léger aperçu de leur métaphysique et sont, d'un autre côté, propres à faire soupçonner que leur ancienne musique dont ils regrettent tant la perte, était bien une musique d'harmonie, encore que nous prétendions qu'ils n'ont jamais connu l'harmonie.

"Lo-pi dit que la musique n'est autre chose que l'accord des deux principes, l'un actif, nommé Yang, et l'autre passif, nommé Yn, sur lesquels roule la conservation du monde visible. En effet le bel ordre de l'Univers est une harmonie; et soit que l'on considère le monde physique, c'est-à-dire le Ciel et la Terre, ou le monde moral, c'est-à-dire l'Homme, ou le monde politique, c'est-à-dire le Royaume, ou tous les trois enchainés ensemble, on rencontre toujours ces deux principes qui doivent être d'accord, sans quoi, point d'harmonie. Lo-pi ajoute que le sage concerte les faux accords de l'Yn et de l'Yang et qu'il fait des instruments pour déclarer leur union. De tous les instruments qui font l'harmonie dont je parle, les deux principaux sont le *Kin* et le *Se*, (sorte de lyre et de harpe). L'un et l'autre sont essentiels au concert harmonique. Le premier gouverne le principe actif, et l'autre régit le passif, &c."

Cependant, quoique sorti depuis longtemps de la sauvagerie, l'homme n'est encore que dans les limbes de la civilisation; le bien être ne lui suffit plus et il a déjà la conscience du bonheur, mais ses facultés ne sont encore que des sentiments et il lui manque les deux plus fécondes; l'amour et la haine, que sous le seizième Empereur il n'aura pas encore acquises. En attendant, ses progrès suivent leurs cours; le nombre de ses idées s'accroît, les lettres qui les représentent se perfectionnent; * et, comme elles ne peuvent tout exprimer, il invente sous le quinzième Empereur, Tse-hang, un objet qui l'aide à traduire ses impressions. Le premier instrument de musique est trouvé et c'est la lyre à cinq cordes.† Notons en passant que, par suite d'un enchaînement d'idées, qui parait très naturel aux historiens Chinois, et que ce n'est pas ici le lieu d'expliquer, cette invention est signalée à propos de circonstances tout à fait physiques. "En ce temps là, dit Lo-pi, les vents furent grands, les saisons tout-à-fait déréglées, les eaux ne s'écoulaient pas et les fleuves ne suivaient point leur cours," ce que l'on répète encore sous le quinzième Empereur Yu-kang qui enfin "invente la danse." ‡

En ce temps le centre de l'empire était au Kan-sou actuel. Le onzième Empereur est enterré au midi du mont Hueng, près de la ville moderne de Hoen-y-tcheou dans le Chen-si. Le quinzième est aussi enterré au Chen-si au nord du mont Féou-poeï.§

"Lo-pi dit que la vie de l'homme dépend de l'union du Ciel et de la Terre et de l'usage de toutes les créatures. La matière subtile circule dans le corps; si donc le corps n'est point en mouvement la matière s'amasse et de là les maladies. Dans un règne paisible, on ne voit point de malades et sous un méchant roi, tout est en désordre, c'est pourquoi le Li-ki dit qu'on peut juger d'un règne par les danses qui y sont en usage. On dit aussi qu'on juge de la vertu d'un homme par la manière dont il touche le Luth ou dont il tire de l'arc. La danse est donc tellement un exercice de corps qu'en même temps elle se rapporte au Gouvernement comme la Musique."

Les personnes que cette question de l'ancienne musique chinoise intéresserait, pourraient lire le savant article renfermé dans le volume VI des Mémoires concernant les Chinois, et le chapitre Yo-ki du Li-ki. Ils y trouveraient des détails vraiment curieux sur les rapports que les Chinois établissent non seulement entre la musique, la physique et la géométrie, mais entre la musique et la philosophie, la politique, &c.

* Page XCVIJ.

† Page XCVIJ.

‡ Page XCXVIIJ.

§ Page XCXVIIJ.

Le seizième Empereur est Vou-hoai-chi. "On dit que sous son règne les hommes demeuraient tranquilles chez eux, et faisaient grand cas de tout ce qui les maintenait en santé; ils travaillaient du corps, mais leur cœur n'avait ni amour ni haîne. Le monde était si peuplé que partout, d'un lieu à un autre, on entendait le chant des coqs et la voix des chiens; le peuple vivait jusqu'à une extrême vieillesse, sans avoir grand commerce les uns avec les autres, &c."

Mais il est inutile de dire que le monde était renfermé dans des limites beaucoup plus étroites qu'aujourd'hui; l'on verra tout-à-l'heure que l'on était encore loin de l'état où les derniers évènements géologiques ont laissé le globe depuis les temps historiques jusqu'à présent. Sauf quelques points émergés dans le Tché-li, le Chan-tong, le Ngan-hoeï, le Hou-pé, les eaux couvraient toute la surface orientale et méridionale de la Chine actuelle. L'Empire ne comprenait donc qu'une petite surface du Chan-si, le Se-tchuen, le Chen-si, le Kan-sou et le versant des monts Kouen-lun contre lequel ces provinces sont adossées. Quant au Kouy-tcheou, au Yun-nan et au Kouang-si, il n'en est pas question. Ces provinces devaient être en partie exondées, il semble même qu'elles aient été habitées dès cette époque par quelques enfants perdus de cette primitive humanité, à en juger par l'état ou les trouvèrent plus tard les conquérants qui les rattachèrent à la Chine de nos jours, et où se trouvent encore quelques tribus réfractaires à toute tentative de civilisation, connues sous le nom de Miao-tse, Man-tse, Lo-sse &c. &c. De même que les anciennes espèces animales que l'on retrouve vivantes dans certains lacs, ces tribus semblent avoir survécu à toutes les révolutions de notre planète. Humanité fossile dont il m'a été donné de voir quelques représentants pendant mon voyage dans les provinces occidentales de la Chine, ses mœurs paraissent offrir les ressemblances les plus frappantes avec les mœurs de la société contemporaine des Empereurs qui viennent de nous occuper, et ne seraient pas un des éléments les moins importants des études ultérieures. Rien donc ne serait plus désirable de voir enfin publier, même telles quelles, les recherches que le savant et regretté Dr. Bridgmann poursuivait depuis long temps sur ces peuplades à demi sauvages, recherches auxquelles il mettait, si je ne me trompe, la dernière main au moment de sa mort.

Monseigneur Chauveau, évêque actuel du Thibet, qui réside aujourd'hui à Ta-tsien-lou, sur la limite thibétaine du Se-tchuen, et qui, auparavant, avait habité pendant vingt-cinq ans, le Yunan et le Kouy-tcheou, avait réuni sur les Miao-tse et les Man-tse, dont on sait que ces provinces renferment un grand nombre, plus de deux volumes de notes. Malheureusement l'on dit que ces précieux manuscrits ont été détruits par un incendie. Mais il y a tout lieu de penser que l'on obtiendrait aisément que Monsgr. Chauveau communiquât ce qu'il aurait pu sauver des flammes, ou voulut bien recueillir ses souvenirs pour les mettre à la disposition de la Société.

Monseigneur Faurie évêque actuel du Kouy-tcheou, a, dit-on, fait des études analogues, de même que Monseigneur Pichon évêque du Se-tchuen occidental.

Ils me pardonneront de trahir içi leur modestie.

Un grand nombre d'auteurs chinois anciens et modernes, se sont aussi occupés de ces peuplades.

Nous arrivons maintenant à la dernière époque pré-historique, à l'époque de Fo-hi, de Chin-nong et de Hoang-ti, pendant laquelle les facultés de l'homme déjà adolescent vont se compléter, se fortifier et le feront enfin passer à l'âge adulte, en même temps que la Terre accomplira les dernières transformations auxquelles a succédé l'époque actuelle. Mais arrêtons-nous un instant. A voyager ainsi au truvers de l'éternité, l'esprit hésite; et, peu habitué à de pareilles courses, doute de son guide; la lumière même, qui grandit à chaque pas, l'éblouit...Eh quoi, tant de chemin? tout seuls?

Tout seuls. Et n'est-ce donc point assez que Dieu nous ait, en nous créant, donné ce qu'il fallait pour marcher; ne nous suffit-il pas de savoir qu'il est là, et faut-il qu'il se manifeste à chaque pas? Et d'ailleurs regardons autour de nous; n'est-ce pas ainsi que les choses se passent? Rappelons-nous les grandes preuves que nous avons déjà recueillies. Mais d'abord interrogeons notre bon sens et le bon sens de ceux qui ont été élevés autrement que nous.

"Si l'on veut, dit un ancien Jésuite, (1) si l'on veut savoir quelle est sur cette matière la Grande Doctrine des Lettrés, il faut lire le Tchi-pen-ti-kang, imprimé en 1747, qui est comme le système universel de la Doctrine de l'Ecole de Confucius, sur la Religion, la Morale, la Politique, la Physique et toutes les sciences. Ce grand ouvrage en dix volumes, que les missionaires regardent

(1) Mémoires concernant les chinois, Tome 11, pages 384 et 385.

comme très dangereux et très opposé à la prédication de l'Evangile parce qu'il se renferme dans le Deïsme et dans la Religion Naturelle, est partout au niveau de la Raison et de la conscience qu'il contente trop pourqu'elles sentent aisément la nécessité de la révélation."

Pour moi je ne vois rien de plus admirable, ni qui puisse nous inspirer plus de confiance que cette coïncidence de deux histoires dont l'une, reconstruite par nous, et l'autre, suivie d'une façon aussi continue et aussi logique, aussi conforme aux faits récemment acquis. J'ai passé sous silence, afin de ne pas allonger outre mesure cette note déjà si longue, une multitude de traits, naïfs en apparence, mais qui, mieux que tout, déçèlent la vérité et en sont les plus forts témoignages; et pour n'en rappeler qu'un, est-il admissible que les historiens de la dynastie des Han et des Song, c'est-à-dire postérieurs de quelques milliers d'années à l'époque qu'ils décrivent, aient imaginé, par exemple, de faire sortir de la terre des sources d'eau douce. On n'invente pas de pareils détails; et si j'en ai omis, l'auteur des Recherches sur les temps préhistoriques et les historiens chinois eux mêmes en ont, malgré leurs scrupules, négligé bien d'autres qui devaient leur sembler inutiles, mais qui pour nous encore une fois, seraient de lumineux indices. Malheureusement il est bien à craindre qu'il ne reste plus guère de ces titres précieux. Dieu sait dans quel état est le sous sol écrit qu'ils constituaient! Deux fois la torche a préçédé le flambeau. De ce qui avait échappé aux mains sacrilèges de Tsin-chi-hoan-ti dont deux mille ans passés n'ont pu abolir la mémoire éxécrée; de ce qui composait, il y a dix ans encore, les archives non seulement de la Chine, mais nos propres et nos plus vieilles archives, les archives du genre humain, Dieu sait ce que l'incendie naguère allumée de nos propres mains a pu laisser subsister!

Cependant tout n'est peut-être pas absolument perdu; peut-être serait-il possible de retrouver quelques uns de ces documents, soit en Chine, soit même en Europe où les anciens Jésuites ont envoyé un grand nombre de livre chinois. Il en est d'ailleurs que leur nature a pu sauver de la flamme aussi bien que du temps, tels que les inscriptions lapidaires, quelques monnaies, certains monuments et les outils de pierre, dont la collection la plus anciennement formée, était il y a quelques années encore, reunie dans le palais de Yien-min-yuen.

J'essaierai dans un dernier chapitre de donner une idée de ceux qui offriraient à nos recherches le plus d'intérêt. Mais je dois auparavant terminer l'esquisse historique de l'humanité d'avant Yao.

VI.

Le règne de Fou-hi, auquel nous sommes maintenant arrivés, est un des plus remarquables de la haute antiquité, mais il embrasse tant de faits qu'il y a lieu de penser que le souvenir de cet Empereur plane au dessus d'un temps beaucoup plus long que celui où il a régné individuellement, ainsi que, de nos jours encore, le souvenir du chef de famille prolonge en Chine son influence, j'allais dire sa vie, au delà du tombeau. Bien plus, comme tous les génies dont l'apparition a marqué une Ère dans l'humanité, Fou-hi marque son empreinte même sur un long passé. Long-temps avant sa naissance, son nom est répété et, ceux qui le précédent, semblent n'être que ses précurseurs. C'est ainsi que nous avons vu un grand nombre de notions acquises à une époque antérieure, placées sous son nom, comme elles se trouveront plus tard récapitulées sous son règne. C'est ainsi qu'il absorbe dans sa puissante personnalité plusieurs règnes et entr'autres ceux de Kou-kong et de Niu-va, bien que très postérieurs, et dont cependant on ne fait que les auxiliaires de Fou-hi, l'un comme ministre et Niu-va comme sa femme, sa fille ou sa sœur. Mais, individuellement, Fou-hi ne règne que 115 ou 164 ans et individuellement ne se prouve, ne s'affirme que par deux ou trois circonstances tout-à-fait nouvelles; la domestication des six animaux,* (cheval, bœuf, poule, cochon, chien, mouton,) l'invention du calendrier† et le cérémonial du mariage,‡ qui, s'ils ne sont pas de lui, paraissent être trop rapprochés de son règne pour que l'on puisse les lui contester. Ce ne sont cependant pas ces innovations qui sont les grandes gloires de l'époque de Fou-hi. Arrivée à cette phase de son développement, l'on dirait que l'Humanité se recueille et qu'elle est plus préoccupée de perfectionner ses acquisitions que d'en faire de nouvelles. Déjà ces trois innovations de Fou-hi ne sont réellement au fond que des perfectionnements. Mais elle n'arrête point sa marche; et, si ses conquêtes sur le monde extérieur se ralentissent, ce n'est que pour changer de direction. L'Homme est à ce moment où ses besoins physiques sont suffisamment satisfaits pour que des besoins d'un autre ordre, les vrais, ceux qui le font homme, se fassent sentir. Il ne lui suffit plus d'avoir conscience de lui même, de la valeur de ses actions; le sentiment même d'un Être supérieur ne lui suffit plus; et, pour la première fois il se sent pris du noble

---

* Page CIIJ. † Page CV. ‡ Page CIV.

désir de savoir. Jetant les yeux autour de lui, et les élevant jusqu'au Ciel, il s'inquiète des rapports qui existent entre l'Homme et la Création, entre la Création et le Créateur, entre l'*être* et le *devenir*; et il ne se borne point aux rapports de causes à effets, mais il va les chercher jusque dans la nature intime des choses. Ce sont ces rapports que Fou-hi exprime par les immortels symboles que l'on connaît sous le nom de *Trigrammes de Fou-hi*.*

Tels sont les grands problèmes qui font de cette époque la date la plus solennelle de l'Humanité. Pourtant, au point de vue physique, elle n'est pas très avancée: Fou-hi n'est encore qu'un têtard ou peut s'en faut; il avait, dit Ven-tse, "le corps de serpent et la tête énorme," † et ce n'est que naturel, s'il est vrai que l'idée préexiste à la forme; mais c'est pour la dernière fois. On dit aussi que les armes de ce temps n'étaient encore que de bois,‡ ou tout au plus de pierre, si l'on suppose qu'il y ait eu de la part des historiens Chinois, quelques transpolations dans les pages des traditions qu'ils ont étudiées; ce qui, d'ailleurs, paraît très possible. Mais qu'importe? Les peuples ont ils attendu les progrès modernes de l'industrie et ceux même de la science pour avoir leurs Aristote et leurs Platon?

Les Recherches du Père de Prémare ne mentionnent aucune note qui puisse servir de point de repère un peu précis à la Géologie, et nous aider à rétablir la date du règne de Fou-hi. Il dit seulement que cet Empereur fit circuler les eaux, mais cette circonstance se renouvelle si fréquemment désormais qu'elle jette au contraire un grand vague sur les temps qui séparent Fou-hi de Yao. L'examen des documents primitifs dissiperait peut-être cette incertitude. Mais on trouve dans le Tcheou-pi-souan-king, une indication astronomique qui pourrait peut-être, jusqu'à un certain point, suppléer à cette lacune. On dit dans cet ouvrage fort ancien, mais postérieur à Fou-hi, et comme si le fait était de son temps, que l'étoile polaire s'appelle ainsi parce qu'elle est droit au centre du pôle. "Or comme le fait remarquer le P. Gaubil elle en est présentement assez loin; et par le chemin qu'elle a fait, on pourrait juger de l'antiquité de la tradition qui l'a conservée."§

Fou-hi fût enterré selon les uns à Choui-yang, et selon les autres à Tchin, mais si ces deux localités sont inconnues aujourd'hui, on sait du moins qu'elles étaient en Occident, et aux approches

---

* Page CJ. † Page CJ. ‡ Page CVJ. § Page CV.

du mont Kouën-lün, si ce n'est sur le mont lui même, où le Chan-haï-king place tous les tombeaux des anciens rois.

Kong-kong dont nous avons parlé tout-à-l'heure, est peut-être, de toute l'antiquité chinoise, le personnage sur lequel les opinions sont le plus partagées. Les uns lui attribuent des faits dont la date remonte à plusieurs siècles avant Fou-hi; les autres le font descendre de Chin-nong lequel lui est au contraire bien postérieur. Lo-pi pour expliquer cette différence, dit qu'il y a eu plusieurs Kong-kong dont les faits ont été confondus, et paraît croire que c'est à ce dernier Kong-kong qu'il faut rapporter ceux qui nous intéressent le plus. Je ne devrais donc en parler que beaucoup plus tard, et peut-être l'exposé qui nous occupe y acquérerait-il plus de clarté; je préfère cependant suivre le désordre scrupuleux du P. de Prémare, ne voulant pas trancher cette question, mais en laisser la solution à l'examen sérieux des documents originaux.

Il semble que Kong-kong ait été un mauvais prince aux actions duquel on ajouta la responsabilité des évènements malheureux qui eurent lieu de son temps, en qui l'on se plût dès lors à personnifier le mal et que l'imagination revêtit en suite de formes propres à représenter pour le mieux le caractère qu'on lui prêtaît. "Enivré, dit le livre Koueï-tsiang, de sa prétendue prudence, il se regardait comme un pur esprit; il chargeait le peuple d'impôts et les exigeait à force de supplices; il employa le fer à faire des coutelas et des haches et le peuple, sans appui, périt misérablement; il se plongea dans toutes sortes de débauches et ses débauches le perdirent."*

C'est à cette époque que se produisit un déluge causé par le soulèvement du globe au nord-ouest, soulèvement qui entraîna un affaissement au sud-est et qu'on ne manqua pas de lui attribuer. "Afin de perdre son rival Kong-sang, Kong-kong fit le déluge; il donna un coup de corne contre le mont Pou-tcheou, tel que les colonnes du Ciel en furent brisées et que la terre eût une brèche au Sud-est;† ce qui la rendit insuffisante au Sud-est."‡ Outre les cornes, Kong-kong avait le visage d'homme, le corps de serpent et le poil roux. Un de ses ministres ou auxiliaires, Feou-yeou, avait le corps rouge comme le feu et ressemblait à un ours.§

Kong-kong fût défait par Kao-sin qui le précipita dans l'abîme.‖

---

* Page CIX. † Page CVIIJ & CIX. ‡ Page CXIIJ.
§ Page CX. ‖ Page CVIIJ.

Le déluge de Kong-kong s'arrêta ou du moins paraît avoir eu un temps d'arrêt pendant le règne de Niu-va qui vient ensuite, mais dont les faits sont cachés sous trop d'hyperboles pour que, excepté la circonstance que je viens de citer, je puisse y rien trouver, je l'avoue, qui ait pour nous un intérêt spécial et clair.

Toutefois, au lieu de les réfuter, comme ont fait beaucoup d'historiens Chinois, ce qui, dit le P. de Prémare est un triste parti, il est très possible que là encore, l'étude des documents originaux aide à les faire comprendre.

Cette observation s'applique également à un grand nombre des faits du règne de Chin-nong ou Chen-nong. On peut dire aussi de cet Empereur, comme on l'a dit de Fou-hi, que tant de faits se trouvent récapitulés sous son règne, qu'il semble être devenu en quelque sorte *l'exposant* d'une longue époque, qui comprend soixante dix Empereurs: soit, suivant quelques historiens, plusieurs milliers d'années: soit même selon Lo-pi, plus de cent mille ans.* On place sous le règne de Chen-nong l'invention de la poterie et de la fonte, quoiqu'il paraît bien que l'on ait eu dès l'Empereur Souï-gin quelques notions de ces industries; on lui attribue l'invention du véritable vin, car "avant lui c'était l'eau pure que l'on appelait le vin, le vin céleste."† La reconnaissance populaire fit aussi de lui l'invention de l'agriculture; le nom même de Chen-nong signifie *le divin laboureur;* et en effet s'il ne l'inventa pas dans le sens strict du mot, il est certain que les foires, les marchés qu'il institua pour la première fois, les routes qu'il établit, durent la porter à un degré de prospérité qu'elle n'avait pas encore connu. "Chen-nong prit du bois fort et dur dont il fit le coûtre de la charrue et choisit du bois plus tendre pour en faire le manche."‡ Il apprit ainsi aux hommes à cultiver la terre avec plus de profit et moins de peine. Il sema les cinq sortes de blés au midi du mont Ki, (district actuel de Fuen-tchou-fou, au Chan-si) et établit des greniers où l'on conserva pendant l'hiver, les fruits de la terre. Consacrant le sentiment qui se fait jour pour la première fois de la propriété des biens acquis par le travail, il fit plusieurs lois pour que l'on n'envahit point les travaux d'autrui. Enfin il enseigna tout ce qui regarde le chanvre et le mûrier, afin qu'il y eût des toiles et des étoffes de soie en abondance.§

* Page CXXIV. † Page CXCI. ‡ Page CXVJ.
§ Page CXVJ.

"Quoique Fou-hi ait commencé à guérir les maladies par la vertu des plantes, cet art est particulièrement attribué à Chin-nong. Ce fût lui qui distingua toutes les plantes et en détermina les diverses qualités. Un passage tiré du livre San-hoang-ki paraît vouloir dire que Chen-nong battait et remuait les plantes avec une espèce de fouet ou de spatule rouge, ce qui désignerait la Chimie, d'autant plus qu'on parle d'une marmite (Ting) dans laquelle Chen-nong éprouvait les plantes. Le seul mot *Ting* marque assez qu'il se servait du feu. Une tradition de son temps dit que les plantes se divisent en quantité d'espèces différentes, mais que, si on examine bien leur figure et leur couleur, si on les éprouve par l'odorat et par le goût, on pourra distinguer les bonnes des méchantes et s'en servir pour guérir les maladies."* "Chen-nong ordonna à Tsio-ho-ki de mettre par écrit ce qui concerne la couleur des malades et ce qui regarde le pouls; d'apprendre si son mouvement est réglé et bien d'accord, pour cela de le tâter de suite et d'avertir le malade, afin de rendre par là un grand service au monde en donnant aux hommes un si bon moyen de conserver leur vie."†

Dans un autre ordre de choses, Chen-nong institua des fêtes pendant lesquelles on devait s'abstenir de visites, de proçès et de promenades.

"L'Y-king, dit Lo-pi, rapporte au symbole *Fou:* que les anciens Rois, le septième jour, qu'il appelle le grand jour, faisaient fermer les portes des maisons, qu'on ne faisait ce jour là aucun commerce et que les magistrats ne jugeaient aucune affaire; c'est ce que l'on appelle l'ancien Calendrier."‡

"Chen-nong sacrifiait au Seigneur Suprême dans le temple de la Lumière, (Ming-tang;) rien n'était plus simple que ce temple, la terre de ses murs n'avait aucun ornement; le bois de sa charpente n'était point ciselé, afin que le peuple fit plus d'estime de sa médiocrité."§

On dit que les lois de Chen-nong étaient gravées sur des planches carrées et qu'elles lui avaient été inspirées par le Ciel.‖

"Quelqu'étendu que fût l'Empire de Chen-nong, il était si peuplé et les habitants étaient si peu éloignés que les cris des animaux domestiques se répandaient et s'entendaient d'un village au village voisin. Le peuple n'était composé que de gens vertueux; les

* Pages CXIX et CXX. † Page CXX. ‡ Page CXVIIJ.
§ Page CXXIJ. ‖ Page CXX.

mœurs étaient pures; on n'avait point ensemble de disputes et chacun s'estimait assez riche parce qu'il était content de ce qu'il avait sans se fatiguer."*

On dit que Chen-nong régna à Tchin, et qu'il fût enterré à Tchang-cha après avoir vécu 168 ans; mais, ainsi que je l'ai déjà observé, il ne faut pas oublier que tous les faits qu'on rapporte à son règne doivent être répartis dans une période de plusieurs centaines, ou peut-être même, de plusieurs milliers d'années.

À la fin de cette époque paraît un personnage qui offre tant de traits de ressemblance avec Kong-kong que l'on peut penser que les deux ne font qu'un. C'est Tchi-yeou aussi nommé Tchi-ti ou Fan-tsuen, dont l'imagination populaire a fait en Chine, un type qui présente beaucoup d'analogies avec certain mythe de nos légendes religieuses.

Tchi-yeou était un vassal du dernier roi de cette longue dynastie de Chen-nong. Irrité du despotisme de ce roi, il se révolta. Malheureusement la victoire qu'il remporta, au lieu de le calmer, exagéra le sentiment qui l'avait poussé à la rebellion, et il se fit à son tour exécrer par son despotisme et ses débauches. Le Chou-king, à l'autorité duquel il n'est pas permis de se refuser, dit, en suivant les traditions anciennes, que Tchi-yeou est le premier de tous les rebelles et que sa rebellion se répandit sur tous les peuples qui apprirent de lui à commettre toutes sortes de crimes. On dit que Tchi-yeou était chef de neuf noirs (Kieou-li) qui se révoltèrent avec lui et qui lui restèrent associés dans la réprobation des siècles.

Le nom de Tchi-yeou signifie: le *Méchant*. Tel que l'imagination populaire se le représente, il a le corps d'un homme, les pieds de bœuf, des jambes et des cuisses de bêtes et des ailes de chauve-souris. Ses compagnons, les Kieou-li ou les neuf noirs, avaient le corps d'animaux et la tête de métal; c'est aux neuf noirs et à leur chef Tchi-yeou, leur aîné et leur chef qu'on attribue l'origine des révoltes, des fraudes et des tromperies.† Tchi-yeou fût défait par un autre prince nommé Hoang-ti, lequel, après l'avoir long-temps poursuivi, finit par le saisir et le tuer, ou bien, suivant une tradition plus imagée, le jeta dans la vallée des maux.‡

À Hoang-ti, commence une nouvelle dynastie sur la durée de laquelle les historiens ne sont pas d'accord, mais à laquelle Se-ma-

* Page CXXIIJ.
† Pages CXXVJ à CXXIX.
‡ Chou-king, pages 291 à 294.

tsien, dans son Che-ki, attribue quarante six générations. C'est elle qui précède immédiatement l'époque historique, l'époque de Yao. Malheureusement c'est sur celle-là que les Recherches du P. de Prémare fournit le moins d'indices que la géologie puisse utiliser. On y voit seulement que la Chine avait alors pour limites; à l'ouest, la province actuelle du Chen-si; au nord le Kuen-jo ou désert de Tartarie qui ne devait pas être émergé depuis long-temps puisque c'est la première fois qu'il en est question; à l'est, la mer; et au sud, le Yang-tse-kiang dont l'embouchure était beaucoup plus reculée qu'aujourd'hui et ne devait pas être bien éloignée de la ville actuelle d'Y-tchang. Toutefois, autant qu'on en puisse juger par les souvenirs qu'on a conservés de cette période, et par les préoccupations dont chaque règne, pour ainsi dire, porte la trace, il est évident que les eaux en sont le grand fléau et qu'elle doit par conséquent être contemporaine de l'oscillation terrestre qui a précédé les temps actuels.

Il ne serait peut-être même pas impossible, en tenant compte des circonstanees que le coup d'œil que nous venons de jeter sur les dernières dynasties nous font deviner, de reconnaître les deux temps de cette oscillation; le premier, commençant au début de l'époque de Fou-hi, par le soulèvement du désert de Tartarie et l'immersion du sud-est du continent, arrivant à son maximum avec Kong-kong et s'arrêtant à la fin du règne de Niu-va et pendant celui de Chen-nong.—Quant au deuxième, afin de le comprendre, sans empiéter sur le règne de Yao et sur les temps historiques auxquels nous sommes arrivés et auxquels j'ai résolu d'arrêter ce travail, il faut cependant savoir que l'excessive abondance des eaux qu'il causa résulte des obstacles qu'elles rencontraient, et, qui quoique l'on fit, se renouvelaient et empêchaient leur écoulement vers la mer, puisque c'est à leur ouvrir des passages que la fin de l'époque de Hoang-ti et tout le règne de Yao sont consacrés. La cause de ce deuxième déluge, ou plutôt de ces inondations, est donc inverse en quelque sorte de la cause du premier. Pendant le premier, il n'est point question de travaux, d'endiguement, de canalisation, &c., et il n'en saurait être question. S'il y a déluge, ce n'est pas que les eaux ne s'écoulent point, et en effet ce n'est point la pente qui peut leur manquer puisque leurs réservoirs s'élèvent, mais c'est parce que les lits des fleuves et leurs bassins mêmes ne suffisent point à leur écoulement. Pendant le deuxième, si l'excès des eaux n'est pas tel qu'on ne puisse chercher à y remédier, c'est qu'il est causé moins par leur affluence que par le changement et le rétrécissement en profondeur et en largeur de leurs lits, et par la diminution de la pente de ces lits. Or, si l'on cherche à s'expliquer ces obstacles, on voit qu'on ne peut les attribuer qu'à l'exhaussement du fond des fleuves, des rivages, &c., d'où le deuxième temps cherché. Il commencerait donc à la fin de la dynastie de Chen-nong, parviendrait à son maximum à-peu-près avec Tchi-Yeou et s'arrêterait à la fin de la période de Hoang-ti, de telle sorte que Yao et Yu purent, au moyen de travaux immenses dont on peut juger maintenant encore, puisque c'est à Yu que l'on fait remonter le principal réseau de canaux que l'on admire dans ces mêmes provinces du Kiang-nan et du Tche-kiang que nous habitons, de telle sorte, dis-je, que Yao et Yu purent au moyen de ces immenses travaux et de cent ou cent cinquante ans d'efforts, débarasser le sol des eaux qui le couvraient.

Cependant, malgré le fléau, l'humanité continuait ses progrès. C'est dans le cours de la dynastie de Hoang-ti qu'elle découvre la boussole, et invente la navigation, ou du moins construit la première barque, la première pirogue.* Pour la première fois aussi on s'avise de représenter la sphère. Enfin c'est à Louï-tsu, femme de Hoang-ti, que l'on fait remonter la domestication du Ver à soie dont on se contentait jusque là de recueillir les cocons sur les arbres où cette chenille les déposait.

L'époque de Hoang-ti finit par le roi Tchi que l'on chassa à cause de ses désordres et que l'on remplaça par son frère Yao, auquel commencent le Chou-king et l'époque historique.

Il ne me reste plus dès lors qu'à présenter avec l'exposé des documents qu'il serait le plus possible et le plus intéressant de retrouver, les conclusions de ce travail, c'est-à-dire, les moyens que la Société Asiatique de Shang-haï pourrait peut-être employer pour se les procurer et les faire connaître. Mais arrivé à la fin de la tâche que je m'étais imposé, je ne puis m'empêcher de jeter un regard sur le long passé que quelques pages, pourtant, ont du suffire à dérouler. Que sommes nous? disais-je en commencant, d'où venons-nous, quand avons nous été créés, quels étaient nos ancêtres, comment se sont formées nos diverses races, comment ont-elles grandi? Eh bien, les livres que nous venons de consulter n'ont-ils point répondu, autant qu'œuvres humaines puissent répondre à de telles questions? Les lacunes de nos histoires nous étonnaient, notre esprit se cabrait devant les vides qu'elles lais-

* Page CXXXJ.

saient, leurs solutions de continuité nous embarassaient; il me semble maintenant qu'en partie ces lacunes ont disparu, ces vides sont comblés, ces solutions de continuité n'existent plus. La chûte de notre premier père n'est plus une contradiction: Adam avant sa chûte, n'est pas autre que l'idéal Pan-kou; et cette chûte n'est pas autre chose que la transition de l'idée à la forme. Je songe aux diverses races éparses sur le globe, les unes déjà écoulées et n'ayant laissé qu'un stérile souvenir, les autres disparues aussi mais après avoir jeté un éclat qui nous éclaire encore: celles-là jouissant d'une puissante vitalité et parvenues, ce semble, à l'apogée de leur développement; celles-ci grandissant et s'élevant encore. Je me rappelle leurs mœurs, leurs traditions, leurs croyances, leurs usages, leurs industries, leurs héros, leurs origines. Je les rapporte aux origines, aux héros, aux croyances, aux industries, aux usages, aux traditions et aux mœurs des races de ces grandes dynasties humaines qui viennent de se succéder sous nos yeux, et je me demande, si le livre que je tiens en ce moment et que j'ai un instant emprunté aux Chinois, n'est pas le livre souche de l'Humanité dont chaque race, sans exception, ne serait qu'un feuillet.

VII.

Les témoignages les plus authentiques, ceux dont la connaissance importe le plus par conséquent à nos recherches sont évidemment ceux que la nature s'est elle même chargé de produire et de conserver. C'est, au point de vue spécial de la Géologie, tous les indices qui peuvent dénoter l'exhaussement ou l'abaissement du sol, tous ceux qui peuvent nous faire conjecturer l'état d'une contrée dans les âges antérieurs, je veux dire toutes les traces que les Glaciers ont pu y laisser. Ces indices s'observent par la nature du terrain; par la hauteur, l'altitude où il se trouve relativement au niveau de la mer; par la distance horizontale à laquelle il est des rivages; par les débris des espèces animales ou végétales qu'il reçèle où dont il a pu garder les empreintes; par les dépôts glaciaires qui peuvent les recouvrir, tels que le drift, les moraines, les blocs erratiques et les cailloux roulés; par la direction des cours d'eau qui l'arrosent, les traces que les grandes crues laissent sur leurs bords; par les bancs, les îles et ilots dont leurs lits ou leurs embouchures peuvent être obstrués; et, sur les rivages, par certains accidents des côtes, des falaises ou des rochers. Je ne parle pas des indices que renferment les profondeurs de la mer et que nos navigateurs n'ont que trop souvent l'occasion de signaler.

L'on a vu, dans le cours du travail qui précède, quelques exemples des faits qui se rapportent à cette première classe de témoignages. Lorsqu'il s'agit, soit de localités, soit des bancs de sable ou des rochers qui s'élèvent dans le lit des fleuves ou sur les bords de la mer, ou bien encore des dépôts de pierres amenés par les glaciers: moraines, blocs, drift, &c., il est nécessaire d'en décrire d'abord la situation géographique, l'orientation, la topographie, l'étendue ou la puissance; s'il s'agit du sol, il faut faire connaître sa nature, en rapporter, s'il se peut, des échantillons, aussi bien que des roches, cailloux, débris d'animaux que l'on rencontre à sa surface ou dans son épaisseur. On a vu quelles déductions importantes on tirait de l'analogie ou de la différence qui existent entre les roches ramassées sur le même terrain, des dimensions générales des cailloux, des blocs, &c. Un point très intéressant aussi au sujet des traces des anciens glaciers, est l'angle que les stries laissées par eux sur les flancs des montagnes et des rochers, fait avec l'horizon; la profondeur de ces stries.

C'est d'un bloc comme ceux dont il s'agit que le ministre Amita, envoyé par Kang-hi pour explorer le fleuve jaune, parle à l'Empereur en ces termes: "À la source de l'Alotan qui se jette dans le fleuve jaune (Hoang-ho) existe une pierre que l'on nomme en mongole Alotan-katafou-kaolao, ces trois mots disent en chinois: *roche d'or de l'étoile polaire.* Cette roche a été ainsi nommée à cause que par sa hauteur qui est de plus de cent pieds, et de sa couleur qui est d'un jaune d'or mêlé de quelques veines rouges, elle brille au loin et peut servir de visée comme l'étoile polaire. Elle a encore cela de particulier qu'elle est isolée et ne paraît tenir à aucune montagne."

À cette première catégorie d'observations on pourrait rattacher l'étude des lacs salés où vivent encore des poissons et crustacés qui n'ont pu y être déposés que par les eaux de la mer; l'exploration des forêts et des montagnes y ferait peut-être aussi découvrir d'autres espèces animales offrant de curieuses ressemblances avec les espèces disparues. Il y aurait surtout à étudier toutes ces tribus à demi sauvages qui, comme les tsiganes, errent dans presque toutes les provinces de la Chine, et les autres tribus fixées au Setchuen, au Kouy-tchéou, au Kouang-tong, au Kouan-si, au Yunan, dont j'ai parlé sous le nom de Miâo-tze et de Man-tze et que l'on regarde comme les races primitives des contrées qu'elles habitent. D'après le rapport que vient de me faire un missionnaire, Mr. l'abbé Mihières, Supérieur des missions du Kouang-si, arrivé depuis peu de ces provinces, elles paraissent avoir conservé des souvenirs d'un déluge et certaines notions qui pourraient bien n'être point différentes de celles que la lecture des Recherches du P. de Prémare nous ont fait connaître. Plus facilement que sur leurs mœurs et leurs traditions, l'on pourrait obtenir des renseignements et même des dessins propres à nous instruire sur leurs caractères physiques et en particulier sur ceux du crâne et du visage et sur leur couleur. Quelques unes de ces tribus sont blondes. Il ne serait point extraordinaire que l'on rencontrât parmi elles des individus appartenant aux races des sept couleurs dont les chinois paraissent avoir eu de tout temps la connaissance, savoir: les races *violette, jaune, couleur de chair, tirant sur le blanc, jaune pâle, blanche* et *noire*. L'on connaît du reste le dicton populaire d'après lequel un homme blond n'est point un cas extraordinaire, s'il vient d'au delà du Hoang-ho. Aux travaux de Messieurs Bridgmann et Chauveau que j'ai déjà mentionnés, j'ajouterai ici un petit travail fait par Mr. l'abbé Lyons, Provicaire apostolique de la province de Kouy-tcheou, travail que l'on ne tardera pas à voir publié.

Telles sont les premières observations auxquelles tous les Européens, voyageant dans l'intérieur de la Chine, pourraient être engagés. Elles ne demanderaient de leur part ni beaucoup de temps, ni des recherches spéciales. Un peu plus d'attention peut-être qu'ils n'en apportent généralement à ces sujets suffirait à donner à leurs renseignements une très grande valeur; et pour les obtenir d'eux, une seule chose est nécessaire, leur faire comprendre l'intérêt majeur qu'on y attache. Un trait, un fait, un détail, même infime en apparence, s'ils sont notés avec soin, peuvent devenir, en certaines circonstances, des témoignages de la plus haute gravité.

Une seconde classe de preuves seraient celles que les Européens fixés dans l'intérieur, missionnaires, marchands, ou autres pourraient recueillir dans les fouilles du sol ou des cavernes qui abondent, on peut le dire, dans presque toutes les provinces. C'est là que l'on trouverait des ossements d'animaux, peut-être des ossements d'hommes et des outils fabriqués de main d'homme; il y a quelque temps, les Japonais découvrirent dans une grotte remplie et bouchée, une quantité de crânes et de débris humains de toute sorte qu'ils firent immédiatement inhumer dans un de leurs cimetières ordinaires. Il existe dans le commerce de la pharmacie chinoise, certains remèdes fournis par des ossements fossiles qui ne sont pas autre chose que ceux que l'on voudrait trouver. Au Kouy-tcheou où les cavernes sont en grand nombre, c'est dans leur intérieur que les chinois vont chercher le salpètre; c'est de là aussi qu'ils tirent ces ossements fossiles qu'ils vendent ensuite aux pharmaciens. On en a extrait souvent des ossements d'animaux d'une dimension prodigieuse; des côtes plus large que la main.

Le palais de Yien-min-yuen renfermait il y a dix ans, d'immenses collections de toute espèce qui contenaient entr'autres un nombre considérable de fossiles,* animaux et végétaux. C'est là sans doute que se trouvaient aussi ces pierres en forme de haches, de couteaux, de maillets, de couleur noirâtre ou verdâtre† telles que celles que les Mongols des environs du désert de Cobi, trouvaient et trouvent probablement encore dans le sol et dans les cavernes de leur pays et dont ils se servaient en guise de cuivre et d'acier.‡

Quelques débris de ces collections existent peut-être encore; en tous cas comme le gouvernement Chinois avait la sage et prévoyante habitude de déposer à Gehol un double, ou au moins un dessin de chaque objet dont les collections s'enrichissaient§ il y aurait encore espoir d'y trouver de précieuses reliques. Exhumer ces richesses de l'oubli, où elles sont, serait, je crois, un des plus grands services que la Société Asiatique pût rendre à la science, si elle croyait devoir user de sa légitime influence pour obtenir la communication de ces riches collections, afin d'en prendre des copies qu'elle pourrait ensuite éditer. Nul doute que les ministres étrangers ne secondent cette initiative de tout leur pouvoir.

Je rangerai dans un second ordre de témoignages, soit parce qu'ils se rapportent à des temps moins reculés, soit parce que l'étude en est plus difficile et demande quelque temps de la part de ceux qui s'y livrent, ceux des médailles, monnaies, vases, cloches et miroirs de métal dont il existe aussi dans les cabinets impériaux de magnifiques collections.

Je trouve sur ce sujet dans le Volume IX des mémoires des anciens Jésuites, page 390, une note que je cite en entier. "La persécution de Tsing-chi-hoang, les guerres civiles, les grandes

* Mémoires concernant les Chinois, Tome II, page 368.

† Tome IV, page 424.

‡ Même volume, même page.

§ Tome II, page 368.

révolutions, les incendies, les tremblements de terre, les inondations subites, &c., ont détruit tous les monuments de la haute antiquité. On ne les connait guère que par ce qu'en ont dit les écrivains contemporains. On n'a sauvé du naufrage général que des vases de cuivre, des miroirs, des cloches, &c., que l'avidité avait fait enfouir ou que leur poids avait sauvé de ses rapines. Ce qu'on a de mieux en ce genre aujourd'hui, a été trouvé dans des tombeaux, dans des ruines de palais et dans le fond des rivières. Quoique les inscriptions qui sont dessus, soient en anciens caractères, on les explique et les savants en ont fait usage pour vérifier bien des époques, et pour fixer les poids et les mesures de chaque Dynastie. Plusieurs de ces monuments antiques sont restés si long-temps dans la terre, que, quoique de métal, ils ne rendent aucun son et paraissent être une poterie fort mince. Tout le cuivre a été dissout, il ne reste que quelques petites veines éparses çà et là. D'autres qui ont été conservés dans l'eau, semblent faits de vert de gris. Les antiquaires Chinois se vendraient presque pour acheter ces inutilités augustes. Le ton des mœurs et du gouvernement pousse tout peu à peu dans les cabinets de L'Empereur. Les vrais Lettrés ne prisent que les monuments où ils trouvent des inscriptions qui leur donnent des lumières. On travaille depuis plusieurs années à recueillir tout ce qui mérite quelque attention en fait de grands monuments anciens, comme tours, arcs de triomphe, tombeaux, pierres sépulcrales, ponts, &c. Il me vient à l'esprit dans ce moment que la différence de grandeur et de régularité que l'on trouve entre les hiéroglyphes égyptiens des grandes pyramides et des petites, semble rendre témoignage au narré des Chinois. Le même embarras aura fait imaginer les mêmes expédients." Outre ces collections impériales, il en existe encore de particulières qui seraient aussi très intéressantes à consulter. On en trouve même entre les mains des Européens. Une des plus belles collections de médailles et monnaies chinoises qui existent, dit-on, est celle dont Mr. Fontanier, Consul honoraire, chancelier de la légation de France, vient de faire hommage à son gouvernement, après avoir consacré de longues années à la réunir. On assure qu'elle renferme des échantillons remontant incontestablement à douze cents ans avant J.C. Un grand nombre d'autres débris antiques tels que vases, armes, &c., en pierre et en bronze, ont été envoyés par les anciens Jésuites à Paris et à Rome, il y a plus d'un siècle.*

* Tome I, page 296.

Dans ce même ordre de documents je placerais ensuite les monuments, ou plutôt les débris de monuments tels que les tours, portiques, pierres sépulcrales, tombeaux dont parle la note ci dessus. Les portiques et les tombeaux surtout auraient un intérêt particulier depuis que l'on sait que les dolmens et allées couvertes de Bretagne avec lesquels les portiques et les tombeaux chinois, dont la construction est presque la même aujourd'hui, offre tant de ressemblance; depuis, dis-je, que l'on sait que les dolmens de Bretagne, attribués naguère au druidisme, sont en réalité des tombeaux des lointaines époques, immédiatement postérieures à l'âge des cavernes. On sait du reste que ces mêmes monuments mégalithiques ont été retrouvés sur le littoral du Danube, en Afrique, en Syrie et dans l'Hindoustan.

Cependant il ne faut pas oublier que ces monuments, de même que les pierres sépulcrales et en général toutes les inscriptions lapidaires, sont ceux que l'on trouve en moins grand nombre en Chine et ceux sur lesquels on doit faire le moins de fond, les plus anciens ayant été détruits par l'incendiaire Tsing-chi-hoang-ti au troisième siècle (250 ans) avant J. C. À peine en a-t-on pu sauver quelques fragments.* Toutefois il paraît que quelques uns portent des hiéroglyphes dont la comparaison avec les hiéroglyphes égyptiens ont souvent préoccupé les anciens Jésuites.†

Je ne parlerai pas des inscriptions lapidaires qui existent en grand nombre, d'après ce que m'écrivait il y a quelques jours un voyageur Français qui se trouvait à Si-ngan-fou (Chen-si),‡ dans cette ville et à Kaï-fong-fou. Bien qu'en effet les caractères en soient tellement anciens qu'aucun savant de la localité ne peut les déchiffrer, elles ne doivent pas, pour la raison que je viens de dire, remonter plus haut que Tsing-chi-hoang-ti.

Je ne parlerai donc pas non plus du chapitre Kou-tsi, vestiges de l'antiquité, de la géographie Y-tong-tchi, publiée sous Kang-hi, lequel parle assez au long de sept villes dont il ne reste plus que les noms et quelques ruines, puis des palais, des basiliques ou salles à plusieurs rangs de colonnes, des tours, des jardins, dont il ne reste plus que des ruines.§ Mais les ouvrages consa-

* Tome I, pages 58 et 316.

† Tome I, pages 294, 301, 305 et 317, et Tome II.

‡ On n'oublie pas que le Chen-si est une des provinces qui ont été le plus anciennement habitée.

§ Tome II, page 377.

crés à la description des médailles, vases, choches, &c., ouvrages qui existent en grand nombre en Chine seraient sans doute plus intéressants. Un des plus anciens et par conséquent un de ceux qu'il serait le plus désirable de connaître porte le titre de Po-kou-tou.

Ce livre nous conduit enfin à un troisième ordre de documents qui, s'ils ne sont pas des témoignages aussi authentiques que les précédents en ce qu'ils ne font que relater des faits nécessairement antérieurs, souvent défigurés par les récits, par la faiblesse de l'intelligence ou par l'imagination de ceux à qui on les doit, n'en fournissent pas moins des renseignements d'une haute valeur.

On a pu en juger par quelques citations que je leur ai empruntées dans le cours de ce travail. J'ai nommé les manuscrits sur planchettes, sur écorce, sur lames de métal, d'ivoire, auxquels je joindrai les livres imprimés ou manuscrits, qui, bien que d'une époque relativement ou même tout-à-fait moderne, peuvent en quelque sorte nous donner la clef des premiers.

Ainsi si l'on voulait d'abord se faire une idée des opinions des chinois et des données qu'ils peuvent avoir sur les sujets de nos recherches, je rappellerais, par exemple, le Tchi-pen-ti-kang dont les anciens Jésuites nous ont entretenus de façon à nous faire vivement désirer d'en avoir une traduction. L'ouvrage est en dix volumes dans lesquels, à propos de la Création, on a rapproché les enseignements des Kings et on en a présenté le système développé.

Quant aux autres ouvrages qui traitent des mêmes matières, le nombre en est réellement trop grand pour que j'aie la pensée de les énumérer, car il n'y a presqu'aucun historien chinois qui ne commence l'histoire par celle des premiers temps de la Création. Mais, pourvu qu'on ne se laisse pas influencer par les appréciations, plus ou moins fondées aux yeux de la science moderne, dont les anciens Jésuites les ont accompagnées, on pourrait lire avec fruit les dissertations analytiques très remarquables qu'ils ont faites sur les principaux de ces auteurs, et qui se trouvent publiées, notamment, dans le tome 1er des Mémoires concernant les Chinois (1).

(1) Les histoires chinoises paraissent être écrites avec un luxe de critique et de discussion comparable à celui que les Champolleon et les Leipsius de nos jours déploient dans leurs recherches sur l'Egypte, Rome, &c. Mais c'est sous la dynastie des Song, pendant le grand mouvement littéraire qui eût lieu alors et qui dura trois siècles, que cet esprit critique eût le plus de puissance.

Toutefois j'ajouterai au Tchi-pen-ti-kang, comme ouvrage auquel la citation que l'on a été obligé d'en faire dans le cours de notre examen des Recherches du P. de Prémare, donne le plus de mérite et peut d'avantage inspirer le désir de le connaître, j'ajouterai, dis-je, le Che-ki de Se-ma-tsien et le Lou-che de Lo-pi qui tous deux sont à la Bibliothèque Impériale de Paris.

Le Che-ki ne se borne pas à un exposé comme le Tchi-pen-ti-kang; il commente certains faits, certaines traditions; il offrirait donc à nos investigations un intérêt de plus.

Il y aurait particulièrement à lire, dans les 130 livres dont il se compose, les trois premiers des douze livres intitulés Pen-ki ou Fondements de l'Histoire.*

Le Lou-che est un ouvrage du même genre, mais renfermant de plus une foule de détails d'une profonde érudition.†

Je ne puis pas non plus passer sous silence le Vaï-ki ou Tong-kien-vaï-ki de Lieou-tao-yuen célèbre savant que Se-ma-kouang s'était associé pour rédiger, dans son "*Tong-kien*" ou Histoire Universelle, la partie antérieure à la dynastie de Tcheou, c'est-à-dire 1,200 ans avant J. C. et qui la rédigea d'après les King.

Enfin je citerai le Tao-te-king dans lequel on verrait probablement aujourd'hui, si l'on peut en juger d'après l'opinion d'un ancien Jésuite, autre chose que des spéculations philosophiques ou métaphysiques. On sait qu'il a été composé par Lao-tse.‡

Cette première série des livres nous conduit à une autre composée des documents que l'on peut considerér comme originaux parce que les documents primitifs ayant à peu près tous été détruits, il n'en reste plus guère d'autres; parce que c'est sur ceux là que les écrivains chinois se sont appuyés, et qu'enfin ils ont été formés des récits recueillis avec soin, peu d'années après l'incendie, de la bouche de ceux qui avaient lu les premiers, ou recomposés par eux mêmes à l'aide de leurs souvenirs. Tels sont entr'autres Tso-kieou-ming, Hoang-sou-mi, Liu-pou-ouei, Tchin-yuen &c., cités par Lo-pi et les meilleurs auteurs. Les uns écrivaient du temps même de Tsin-chi-hoang-ti, 240 ans avant J. C., les autres peu de temps après; les plus modernes ne vont pas au delà de 190 ans après J. C.; on peut donc admettre que les souvenirs des uns et les traditions dont les autres s'inspiraient

* Tome 1er, page 89.
† Tome 1er, page 93.
‡ Recherches sur les temps antérieurs au Chou-king, page XLIX, note 4.

ont été assez fidèles, assez rapprochés des documents authentiques pour mériter quelque crédit.

Il faut d'ailleurs remarquer que Sée-ma-tsien, qui vivait lui-même sous les Han, cite aussi, avec d'autres qui ont disparu ou sont devenus fort rares, ces mêmes documents; ce qui établit en leur faveur une grande présomption, puisque vivant à une époque plus rapprochée de la catastrophe, où les souvenirs étaient plus nombreux et pouvaient lui servir à en constater l'exactitude, Sée-ma-tsien ne les dément pas.

J'en citerai quelques uns d'après le P. Gaubil: Hoai-nan-tse qu'on appelle aussi Hoai-nan-vang, parce qu'il était roi de Hoaï-nan au commencement de la dynastie des Han; c'est-à-dire vers l'an 209 avant J.C. Son palais était une académie de savants avec lesquels il creusait dans l'antiquité la plus reculée; c'est pourquoi ses ouvrages sont très curieux.

Kong-gan-koué qui, sous la même dynastie, fit une savante préface historique au Chou-king, dont il avait trouvé un exemplaire dans le creux d'un mur.

Hiu-chin de la même époque, auteur du dictionnaire intitulé Choue-ven, où il donne l'analyse et le sens propre de chaque caractère et auquel on doit une grande multitude de traditions.

Tong-tchang-chu, Tchin-huen dont le nom littéraire est Kong-tching, Tso-chi sont auteurs de divers Tchun-tsieou, ou de commentaires très estimés sur le Tchun-tsieou de Confucïus. Celui de Liu-pou-oueï, qui vivait du temps même de Tsin-chi-hoang-ti, est plein d'antiquités très curieuses.

Tai-te et Hoang-fou-mi, de la même époque aussi, ont donné, le premier, un Li-ki commenté, nommé Ta-tai-li, le deuxième, l'ouvrage intitulé Ti-vang-ché-ki ou les dix périodes des dynasties des Ti-ouang.

Yang-yong, Kang-tsang-tse, Han-fei-tse, Yen-tse sont aussi auteurs de commentaires ou d'histoires de la même époque, et beaucoup d'autres dont je ne finirais point de citer les noms et les ouvrages.

Viennent ensuite une foule d'auteurs dont ils n'indiquent pas les ouvrages ou des ouvrages dont on ne connaît pas les auteurs, cités les uns et les autres par les grands historiens tels que Se-ma-tsien, Lo-pi, &c. Ainsi parmi les premiers Lie-tze, Tso-kieou-ming tous deux disciples de Confucius, Kouang-tse qui vivait avec le grand moraliste chinois, Tching-yuen-yong-tchi, Lao-tchen-tse, Yang-ching-ngan, &c., &c.

Et parmi les seconds: le Choui-king, le Tong-chin, le San-hoang-king, qui paraît être un des plus importants, le Che-pen ou dissertation sur les généalogies et dynasties incertaines, le Tan-hou-ki que Lo-pi cite souvent, le San-fen dont on dit que le meilleur exemplaire est caché au mont Ngo-moeï, le Ming-li-fu, le Se-haï ou les 4 mers, le Tcheou-pi-souan-king qui traite aussi d'astronomie, le Kin-tsan, le Han-li-tchi, le Fong-fou-tou ou recueil de traditions, le Po-kou-tou dans lequel on trouve les dessins des anciens vases et le Kang-mo auquel je m'arrêterai avec le P. Gaubil. Une édition de ce dernier ouvrage se trouve à la Bibliothèque Impériale de Paris, mais il paraît qu'elle est incomplète et qu'il en existe, d'après le P. Gaubil, qui renferment les anciennes traditions depuis Pan-kou jusqu'à Fou-hi. Bien que la plupart de ces livres soient fort rares aujourd'hui, il ne serait point impossible de les trouver, soit dans certaines bibliothèques particulières, soit dans celle des nombreux monastères boudhistes qui existent en Chine et qui, comme ceux du Sinaï et de l'Olympe, sont les gardiens de ces trésors, soit dans ce qui reste des bibliothèques impériales de la Chine.

Je citerai ensuite, mais à part le Chan-hai-king qui est une géographie attribuée à l'Empereur Yu, contemporain de Yao, dans lequel on trouve des descriptions de plantes et d'animaux extraordinaires, le Yu-kong qui paraît être un ouvrage de même nature aussi attribué à Yu, la catégorie des livres appelés Tchou-chou ou livres écrits sur planchettes et un Pen-tsao-kan-mou ou histoire naturelle que plusieurs auteurs font remonter jusqu'à Chen-nong et que l'on dit avoir, ainsi que les deux précédents, échappé à l'incendie de Chi-hoang-ti.

Quoique l'herbier, dit une note que je trouve dans les mémoires des anciens Jésuites, Tome VIII, page 231, "quoique l'herbier attribué à Chin-nong et le Chan-hai-king qu'on dit être du célèbre Yu, soient probablement moins anciens, cependant ils sont d'une antiquité bien supérieure à tout ce qu'on a en Europe en ce genre. Le dernier va presque de pair avec les King pour le style; ses descriptions sont d'un vrai, d'un naturel et d'un pittoresque qui enchantent. Quel dommage qu'elles ne roulent que sur des singularités et sur des monstres faits à plaisir!* Ce qu'on verrait volontiers en Europe, ce serait la suite historique des phénomènes, comètes, tremblements de terre, sècheresses, grandes pluies, cha-

* Nous savons ce qu'il faut penser de cette appréciation.

leurs extrêmes, froids excessifs, grêles, orages, animaux singuliers, monstres, pestes, maladies épidémiques, &c., qu'on trouve dans les grandes annales pour plus de deux mille ans. Au lieu de s'amuser à augmenter la botanique de quelques nouvelles descriptions de plantes, que d'observations curieuses et utiles ne pourrait-on pas faire sur les vertus que la Chine attribue à celles qui lui sont communes avec l'Europe? Le grand herbier en 260 volumes est rempli de détails et d'observations sur les terres différentes, les eaux, pierres, pétrifications, métaux, mineraux, sel, fleurs, légumes, grains, plantes, arbrisseaux, insectes, poissons, oiseaux, animaux, &c., qui mériteraient l'attention des naturalistes et surtout des Physiciens et des Médécins. Ces derniers y apprendraient peut-être à faire usage des remèdes simples et aisés que la main du Créateur a mis au tour de nous; et à aider la nature d'une manière plus naturelle et moins dispendieuse."

Enfin je placerai dans une troisième série de livres les Kings qui peuvent fournir de nombreux jalons aux explorateurs, même pour des âges plus reculés que ceux qu'ils décrivent, et surtout l'Y-king, ou plutôt les commentaires que les philosophes, les savants, les hommes d'état et les empereurs de la Chine les plus illustres ont, depuis Fou-hi jusqu'à nos jours, faits sur l'explication donnée par Ouen-ouang des symboliques trigrammes. J'ai eu assez souvent l'occasion d'en parler dans le cours de ce travail pour qu'il soit inutile d'y revenir encore. On a pu se rendre suffisamment compte de l'intérêt qu'offriraient ces commentaires.

Je ne dois cependant pas oublier de prévenir que tous ne nous satisferaient pas également au point de vue auquel nous nous plaçons. Des trois Y-king originaux, c'est-à-dire des explications qu'en ont données Ouen-ouang, Chen-nong et Hoang-ti, le premier seul a été conservé, non cependant dans son intégrité primitive. Des chapitres ont été transposés, quelques uns mêmes ont été perdus. Beaucoup d'auteurs ont essayé de reconstruire cet ouvrage, et, dans le nombre quelques uns ont fait des erreurs d'interprétation qui le rendent souvent incompréhensible; d'autres, tout en le reconnaissant comme l'histoire de la Création, en ont dérivé des aphorismes moraux ou mystiques qui, détachés ensuite du texte, passent pour en être les commentaires, mais qui, quelque bien faits et judicieux qu'ils soient, ne doivent avoir pour nous que peu de valeur. Bien qu'ils soient approuvés par l'Académie Impériale des Han-lin et enseignés à la jeunesse chinoise, ils ne peuvent en effet que nous donner des résumés tronqués et trop abrégés des matières qui nous intéressent, celles-ci n'ayant été prises que comme point de départ d'un enseignement moral plus développé. C'est aux grands commentaires que nous devons nous adresser, à ceux d'abord que les tribunaux littéraires et l'académie impériale reconnaissent et consultent; et aussi à quelques uns de ceux qu'ils rejettent parce que les interprétations qu'ils trouvent dans leurs ouvrages ne semblent pas assez justifiées ou assez plausibles, mais envers qui, eu égard à nos connaissances modernes, cette sévérité nous paraîtra trop rigoureuse. Toutefois la seule indication des noms de ces grands glossateurs formerait un trop fort volume pour que je l'entreprenne ici, et je me borne à renvoyer pour les principaux d'entr'eux aux volumes I, II et VIII des Mémoires des anciens Jésuites et à ceux que j'ai eu l'occasion de citer dans mon travail.

VIII.

Ainsi, on le voit, les questions qui nous agitent aujourd'hui ne sont pas nouvelles pour la Chine. De tout temps elles ont été sa plus grande et sa plus chère préoccupation; et, de quelque côté qu'on l'interroge elle est prête à répondre. Si les réponses que nous fournissent ses documents écrits et son histoire ont besoin d'être contrôlées, eux mêmes nous en indiquent les moyens. Nous avons ici pour nous instruire mieux que la mer, mieux que les lits des fleuves, mieux que les montagnes elles mêmes et la surface du sol; c'est, ils nous l'apprennent, aux flancs du Kouën-lün, sur les montagnes et dans les gorges et les vallées du Se-tchuen, du Kan-sou, du Chen-si qu'il faut chercher. Là sont les trésors qu'il nous faut découvrir, les témoins qu'il nous faut faire parler et qui, muets ou inintelligibles pour les Chinois d'aujourd'hui, seront pour nous éloquents.

On parle sans cesse d'ouvrir la Chine; on en parle surtout maintenant et nul moyen ne semble trop fort pour arriver à ce but.

Plût au ciel cependant qu'on en eût moins parlé et que, pour la première fois aujoud'hui, on lui demandât, au nom de la science et de l'intérêt commun de l'humanité, d'ouvrir ses portes qu'il y a des siècles elle avait un instant ouvertes, et que nos imprudences de toutes sortes, pour ne pas dire plus, lui ont fait refermer.

Plût au ciel que nous ne lui eussions jamais inspiré les défiances dont nous subissons maintenant les justes conséquences et ses clefs, que ses savants et ses hommes d'État eussent prêtées à nos savants et à nos hommes d'État, j'en atteste les souvenirs des Marco Paulo, des Ricci, des Verbiest, de Shaal et de bien d'autres, et ses clefs, dis-je, seraient depuis long-temps aux mains de nos commerçants et de nos industriels qui, plus instruits des réelles possibilités, des vrais besoins moraux et matériels de la Chine, plus prudents et plus sages par conséquent, eussent obtenu des résultats bien autrement importants que ceux auxquels ils sont arrivés.

Cinq ou six cents millions d'importations (et de quelles importations,) est-ce donc là un chiffre si beau quand on songe que le peuple chez qui elles se font est à lui seul la moitié de la population du globe! Est-ce donc là un chiffre si satisfaisant après plus de deux cents ans de relations et cinquante ans d'efforts, je pourrais dire de lutte et de guerre?

On nous l'avait bien dit cependant: "Cherchez premièrement la justice et la vérité, &c., le reste vous sera donné par surcroît;" et pour l'avoir oublié, tout, à peu près, est à recommencer.

Laissons donc, puisque nous avons eu si peu de succés, laissons donc la parole à la science; et, satisfaits pour le moment du peu que nous avons obtenu, attendons avec patience les effets immanquables de la confiance qu'elle rétablira. Quand ses pionniers parcoureront, en paix et honorés, toutes les provinces où les poussera la recherche de la verité, notre commerce et notre industrie ne seront pas loin de les suivre.

Est-ce donc autrement d'ailleurs que les relations d'amitié et de commerce s'établissent et se maintiennent même entre nous, dans notre Europe? Qui efface les distances, qui abolit les séparations, qui calme les passions religieuses et politiques, qui a délivré le commerce lui même des entraves où il gémissait, il y a cinquante ans ancore, chez toutes les nations de l'Europe?

Mais la science ne procède point avec précipitation, surtout ici, où on lui a donné tant à refaire; elle ne procède point non plus par le mépris envers ceux qu'elle veut connaître.

Débarrassons nous de ces préjugés qui nous font regarder les Chinois comme livrés aux préoccupations les plus matérielles, incapables des nobles inspirations de la science. Rien n'est plus faux qu'un tel sentiment et rien en outre n'est plus stérile. S'ils n'attachent pas à toutes les sciences le même intérêt que nous, c'est peut-être que nous ne savons pas les leur présenter sous le jour le moins douteux; en tous cas il en est une, celle que nous avons nommée la science par excellence, qui peut, maintenant que les progrès nous y ont amenés de notre côté, servir de trait d'union entre eux et nous. Au nom de l'histoire de l'homme, de l'histoire de l'humanité, de l'histoire de la Chine elle même, offrons aux Chinois de mettre en commun ce qu'ils savent et ce que nous savons; et ceux que le pur intérêt scientifique ne déciderait pas, viendront à nous par orgueil national, car nulle science n'est peut-être aussi propre que la géologie et la paléontologie à les satisfaire.

Mais il faut d'abord pour cela notre concours à tous; que les uns déposent entre les mains de la Société Asiatique pendant quelques années, trois ou quatre seulement peut-être, la patience qui engendre le calme nécessaire; les autres, leur zèle ou leur science de la langue chinoise.

Alors, dirigés par la Société Asiatique, ceux-là recueilleront avec soin les documents de toute nature qu'ils pourront rencontrer, ceux-ci traduiront du chinois en langues Européennes et de celles-ci en chinois les ouvrages les plus propres à intéresser les deux peuples, à leur faire comprendre ce qu'ils veulent et ce qu'ils attendent l'un de l'autre dans l'ordre d'idées que je viens d'exposer; et peu à peu s'établira entr'eux un courant de confiance et de sympathie sur lequel on pourra enfin fonder les plus immenses et les plus durables relations.

Quant aux moyens matériels ils ne feraient pas défaut à une œuvre aussi générale et important à un aussi haut degré et à tant de points de vue le bien public. Je ne m'en préoccupe donc pas.

Les négociants, puisque ce sont eux qui sont le plus immédiatement intéressés, les chambres de commerce, toutes les sociétés savantes de l'Europe répondraient pour moi et fourniraient les prix dont la Société aurait à récompenser les traductions des ouvrages qu'elle désignerait et les recherches qui rempliraient son but.

FIN

Made in the USA
Monee, IL
04 November 2026

67388662R00046